Mechtild Käufer

Spielverhalten bei Hunden

Für meinen Mann, dem es nicht gelingt, den Begriff Dominanz in Verbindung mit den Namen unserer Hunde auszusprechen und dabei ernst zu bleiben.

Mechtild Käufer

Spielverhalten bei Hunden

KOSMOS

Zum Geleit

Hunde spielen, das wird nur von wenigen, meist sehr einseitig argumentierenden Menschen aus bestimmten Trainerszenen bestritten. Bei jeder anderen Tierart würde man das gezeigte Verhalten jederzeit auch als Spielverhalten bezeichnen. Spielverhalten zu definieren, ist nahezu überflüssig, so scheint es, denn jeder Mensch mit etwas Blick für ein Tier erkennt, wenn sich dieses in spielerischer Laune befindet.

Trotzdem sind erstaunlicherweise Zusammenfassungen der notwendigen Hintergrundinformationen bisher nicht in einer hundehalter- und hundetrainergerechten Art und Weise aufbereitet worden. Während die Literatur über Spielverhalten von anderen Tiergruppen, etwa Affen, ganze Regalbretter füllt, gibt es kein einziges Buch, das sich speziell mit dem Spielverhalten der Hundeartigen beschäftigt. Stattdessen

ist man auf das mühsame Sammeln meist englischsprachiger Originalartikel angewiesen und muss sich selbst die notwendigen Informationen aus diesen zusammentragen.
Noch schwieriger wird es, wenn man diese Hundeinformationen noch mit allgemeinen Angaben über die neurobiologischen, physiologischen und psychologischen Auswirkungen des Spielverhaltens verknüpfen möchte. Zwar gibt es, wie bereits erwähnt, Zusammenstellungen über die Bedeutung des Spiels bei verschiedenen Tierarten, und auch in der Humanpsychologie sind Bücher und Artikel über Spielverhalten erschienen. Diese Informationen dann konkret auf den Hund anzuwenden und gar daraus ein mögliches, sinnvolles Konzept zum Spielen des Hundes zu entwickeln, ist dann schon wieder eine ganz wichtige Aufgabe, der sich dringend jemand widmen musste.
Mechtild Käufer hat sich dieser Aufgabe unterzogen. Sie hat sehr viele, zum Teil auch versteckte Literaturzitate aufgestöbert, ausgewertet und in ein theoretisch gestütztes und trotzdem praktisch umsetzbares Gesamtgedankengebäude gegossen. Ihr Buch zeigt zum ersten Mal, warum und weshalb es für Hunde wichtig ist, zu spielen, und es zeigt auch zum ersten Mal, welche Rolle der Mensch im Spiel mit dem Hund einnehmen kann.

Dr. Udo Gansloßer ist Privatdozent für Zoologie an der Universität Greifswald und hat einen Lehrauftrag in Jena. Er hat bereits zahlreiche Publikationen über Zoologie, Ökologie und Säugetierverhalten veröffentlicht. Er ist in der Hundeszene sehr bekannt und leitet seit 2011 das Symposium Wolf & Co. Im Kosmos-Verlag sind seine beiden Bücher: „Verhaltensbiologie für Hundehalter" und „Verhaltensbiologie für Hundehalter. Das Praxisbuch" erschienen.

Es zerstreut sicherlich viele Bedenken von Menschen, die auf der Basis falscher oder falsch verstandener Ausbildungs- und Trainingskonzepte Hemmungen haben, auch „hemmungslos" mit ihren Hunden zu spielen, und hilft hoffentlich auch vielen Hunden, denen man sonst aus ideologischen Gründen die Teilnahme an Welpenspielstunden und anderen Artgenossenkontakten untersagen würde. Aus wissenschaftlicher Sicht liegt hier ein enorm wertvolles Buch vor, das die Erkenntnisse der Grundlagenforschung für Hundehalter und Trainer nutzbar macht. Es ist ihm daher eine möglichst weite Verbreitung zu gönnen, und ich hoffe, dass Mechtild Käufers Ideen und Zusammenstellungen helfen, Licht in das Dunkel zu bringen, das leider von manchen, auch sehr lautstark agierenden Trainer- und Ausbilderphilosophien, noch über dieses doch so schöne und wichtige Verhalten gedeckt wird.

PD. Dr. Udo Gansloßer

Der Zauber des Spiels

Irgendwie muss die Welt dahin gebracht werden zu spielen.

O. FRED DONALDSON

Mein Hund liebt mich so, wie ich bin

„Mein Hund liebt mich so, wie ich bin." Viele Menschen, die mit Hunden leben, sprechen diesen Satz im Brustton der Überzeugung aus. Dieser Satz sagt so viel aus und lässt noch mehr unausgesprochen. Schließlich hat mein Hund mich nicht aus einer beliebigen Anzahl von Menschen als zukünftigen Wunschpartner ausgesucht. Sprechen wir aus, was unausgesprochen in diesem Satz „Mein Hund liebt mich so, wie ich bin" mitschwingt, tauchen Fragen auf, die an unsere Substanz gehen, wie das so oft im Zusammenhang mit unseren Hunden der Fall ist. Stillt der Hund vielleicht irgendein sehr tiefes, menschliches Bedürfnis? Gibt er uns ein Gefühl, das wir sonst vielleicht zu selten erleben: das Gefühl, dass jemand uns so annimmt, wie wir wirklich sind? Und wenn das so ist, warum können Hunde offensichtlich ohne größere Anstrengung etwas, das uns Menschen so schwer fällt?

Mein Mensch liebt mich so, wie ich bin

Was bedeutet es dann für unseren Hund, wenn wir Menschen das nicht mehr können – das Gegenüber so anzunehmen, wie es ist? Würde mein Hund den gleichen Satz über mich sagen können: „Mein Mensch liebt mich so, wie ich bin?" Würde auch mein Hund das im Brustton der Überzeugung sagen, oder würde er zögern, die Stimme am Ende des Satzes heben und den Satz mit einem Fragezeichen beenden? Würde er leise von den Grenzen dieser Liebe erzählen, wie er sein muss, damit er geliebt wird, und dass er eigentlich ganz anders ist? Mit anderen Worten: Wie sieht die Sache eigentlich umgekehrt aus? Versuchen wir, unseren Hund durch Erziehung und Training in Richtung eines Idealbildes zu formen, oder schaffen wir bei unseren Hunden tatsächlich das, was uns bei Menschen so schwer fällt, sie so anzunehmen, wie sie sind?

Sich spielend begegnen

Vielleicht ist es aber auch ganz anders. Vielleicht würde unser Hund nur so nebenbei erwähnen, dass es schon das eine oder andere Missverständnis gibt, um dann sofort mit leuchtenden Augen von den Momenten zu berichten, in denen einfach alles gestimmt hat. Den Momenten, als es sich richtig gut angefühlt hat, gemeinsam mit genau diesem Menschen, genau diesen Augenblick zu erleben. Momenten in denen zwei Spezies – Mensch und Hund – sich wirklich begegnet sind. Wenn Sie eine solche Begegnung einmal erlebt haben, wissen

Sie genau, wovon Ihr Hund mit glänzenden Augen berichtet. Sie haben diesen Moment mit ihm geteilt, und wenn seine Augen diesen Glanz gezeigt haben, ist es völlig egal, was Sie zusammen getan haben. Vielleicht haben Sie einen Spaziergang gemacht, den jeder auf seine Weise wahrgenommen, den Sie aber dennoch gemeinsam erlebt haben. Vielleicht hat Ihr Hund mit Ihnen zusammen eine Herausforderung gemeistert, eine Angst überwunden, die er allein nicht bewältigt hätte (vielleicht war es auch genau umgekehrt). Vielleicht – und die Wahrscheinlichkeit dafür ist ziemlich groß – haben Sie und Ihr Hund in einem solchen Moment einfach zusammen gespielt.

Ich wünsche Ihnen und Ihrem Hund viele solcher Momente.

Mechtild Käufer

Die Autorin mit Rauhaardackelhündin Dorle und Mischling Pachito aus Ibiza.

Spiel, Ernst, Wirklichkeit – oder wovon reden wir hier eigentlich?

Was ist Spiel? – Spiel von außen betrachtet

Play is not just play.

GORDON M. BURGHARDT

Was ist Spiel eigentlich genau und warum spielen Hunde? Zunächst ein wichtiger Hinweis darauf, was Spiel nicht ist: Spiel ist nicht, wie häufig formuliert wird, das Gegenteil von Ernst. Spiel hat für Hunde und Menschen eine wichtige, ernst zu nehmende und immer noch unterschätzte Bedeutung. Dieser Bedeutung des Spiels wird die Einordnung von Sigmund Freud „Der Gegensatz zu Spiel ist nicht Ernst – sondern Wirklichkeit“ (1907/08, S. 717) oder die Einschätzung von Stuart Brown (2009, S. 126) „Das Gegenteil von Spiel ist nicht Arbeit, sondern Depression“ schon eher gerecht. Wie wir später sehen, wird Spiel von Wissenschaftlern nicht nur als Tätigkeit, sondern auch als Bewusstseinszustand betrachtet, ähnlich dem Traum einer anderen Nicht-Realität. Zunächst geht es hier um die beobachtbare, objektiv beschreibbare Tätigkeit Spiel, später um den Bewusstseinszustand Spiel. Zuerst beschäftigen wir uns also mit der Frage „Wie sieht Spiel aus?“, um dann später zu untersuchen, „Wie fühlt sich Spiel an?“

Das ist schon eine merkwürdige Geschichte mit dem Spiel: Eigentlich erkennt jeder, wenn Hunde spielen. Trotzdem ist es ausgesprochen schwierig, Spiel zu definieren, besonders in der Grauzone, in der sich Wut oder Angst in einen Spielkampf mischt, in der aus einer Spieljagd echtes Jagdverhalten und aus entspanntem Ballspiel eine zwanghafte Beschäftigung wird. Bevor wir uns mit dem Hundespiel beschäftigen, ist es deshalb gut, möglichst präzise zu definieren, wovon wir eigentlich reden.

Definition

Beginnen wir mit einer schlechten Nachricht. Es gibt sie nicht – *die* Definition von Spiel. Obwohl die Zahl der Studien, die Spiel untersuchen, in den letzten Jahren regelrecht explodiert ist, kann noch niemand erklären, welche biologische Funktion Spiel denn nun letztendlich hat. Momentan kann noch niemand beweisen, welche Vorteile Spiel einem Tier für das Überleben und die Fortpflanzung liefert. Deshalb begnügen sich die meisten Definitionen damit, möglichst exakt zu beschreiben, was im Spiel passiert. Solange also eine funktionelle Definition fehlt, liefert eine solch strukturelle Definition eine Orientierungshilfe, um das Hundespiel von anderen, auf den ersten Blick ähnlich erscheinenden Aktivitäten, z. B. Stereotypverhalten oder ritualisierter Aggression, zu unterscheiden. Vom Wissenschaftler Gordon M. Burghardt, der sich mit den Ursprüngen und der Evolution des Spielverhaltens beschäftigt, stammt diese Definition: „Spiel ist wiederholtes, funktionell unvollständiges Verhalten, das sich von ernsthafteren Versionen strukturell, im Kontext oder ontogenetisch unterscheidet und freiwillig initiiert wird, wenn das Tier in einem entspannten oder stressarmen Umfeld ist." (Burghardt 2005, S. 82)

Voraussetzungen und Kriterien

Burghardts Definition ist eine ziemlich kompliziert klingende Beschreibung eines Vorgangs, den wir eigentlich sehr schnell und sicher identifizieren (wenn man die Grauzone einmal außer Acht lässt). Wir können Spiel sogar bei anderen Spezies als unserer eigenen erkennen, so z. B. bei Hunden, Katzen oder Pferden. Die übertriebenen Spielbewegungen, das schnelle Annähern und Weglaufen und das lachende Spielgesicht kennen wir von unseren Kindern. Schwieriger wird es bei manchen Jagd- oder Kampfspielsequenzen, die nicht mehr in unser menschliches Verhaltensrepertoire gehören. Ausgehend von Burghardts Definition helfen die folgenden fünf Kriterien, die für Spiel nötigen Voraussetzungen zu schaffen und Spiel von Nichtspiel zu unterscheiden:

1. Spiel braucht Geborgenheit.
2. Spiel hat kein anderes Ziel als Spiel.
3. Spiel ist freiwillig und belohnt sich selbst.
4. Spiel ist anders als die Realität.
5. Spiel ist kreative Wiederholung.

1—*Leonbergerwelpe Oskar mit Spielgesicht nimmt sich freiwillig zurück, damit das Spiel mit Bully funktioniert.*
2—*Spielerisches Maulaufreißen.*
3—*Oskar stellt sich wunderbar auf den deutlich kleineren Bully ein – hier in gespielt submissiver Haltung.*

Schauen wir uns nun genauer an, was diese fünf Kriterien für das Erkennen und Verstehen des Hundespiels bedeuten.

Spiel braucht Geborgenheit

Eine wichtige Voraussetzung für Spiel ist das „entspannte Umfeld". Hunde spielen nicht, wenn sie Hunger oder Durst haben, müde sind, Schmerzen oder Angst haben. Wilde Hunde spielen bevorzugt im vertrauten Gelände, zunächst nahe der Mutter, in der Nähe der Wurfhöhle und später auf ihrem Rudel-Treffpunkt, dem Rendezvous-Platz. In diesem Umfeld fühlen sie sich sicher und nutzen Spiel als Möglichkeit, Teilsequenzen von Verhalten zu testen, ohne dass es „echte" Konsequenzen hat. Bekoff (2001 a) vermutet, dass die ansteckende Übertragung der Spiellaune dadurch verursacht wird, dass bereits spielende Artgenossen einem Tier signalisieren, dass eine Situation sicher ist. Für diese Hypothese spricht, dass sich der Stresslevel von Tierheimhunden, denen man die Geräuschkulisse spielender Hunde vorspielte, messbar reduzierte (Simonet 2005).

Was die Wissenschaft „entspanntes Umfeld" nennt, würden wir Hundehalter wahrscheinlich mit „Sicherheit" oder „Geborgenheit" übersetzen. Wie ein Kind sucht der spielende Welpe zwar den Nervenkitzel, aber immer von einem sicheren Bezugspunkt aus. Im natürlichen Rudel bilden die Mutter, ein anderes erwachsenes Rudelmitglied und in gewissem Maße auch die Wurfgeschwister diese sichere Basis. Nach der Übergabe sollte der Halter den sicheren Bezugspunkt bilden. Angst auslösende Reize werden von diesem sicheren Punkt aus wiederholt aufgesucht, erst untersucht und dann ins Spiel einbezogen (Aldis 1975). Das gute Gefühl, gemeinsam etwas bewältigt zu haben, vor dem man ein bisschen Angst hatte, aktiviert beim Welpen das körpereigene Belohnungssystem, motiviert zu weiterem Spiel und festigt die Bindung zum Menschen.

1

2

1—Diese Zwergdackelwelpen spielen unter den wachsamen Augen von Karl dem Babysitter (und der Züchterin, die hier nicht im Bild zu sehen ist).

2—Welpen spielen und schlafen nur dort, wo sie sich geborgen und sicher fühlen.

1—*Irish Terrier Frida greift ein, wenn Buster und Baker sich nicht an die Spielregeln halten.*
2—*Frida beobachtet Burns und Flyn beim Jagdspiel.*

Spiel hat kein anderes Ziel als Spiel

Spiel ist Aktivität ohne erkennbare direkte Notwendigkeit. Das Hundespiel setzt sich aus Bruchstücken des Jagd-, Aggressions- und Sexualverhaltens zusammen, unterscheidet sich jedoch davon. Im Jagdspiel gibt es kein echtes Beutetier, sondern ein Spielpartner spielt die Beute. Dabei rennen sowohl Beute als auch Jäger nicht mit voller Geschwindigkeit wie bei der Flucht oder der Verfolgung eines echten Beutetiers. Der Spieler, der die Beute spielt, blickt sich vielleicht um, lässt den Jäger aufholen, rennt an Verstecken vorbei, wohingegen der Verfolger eine mögliche Abkürzung nicht nutzt. All diese Verhaltensweisen kann sich ein Tier bei einer echten Verfolgung oder Flucht nicht leisten. Ist die „Beute“ gestellt, wird sie nicht getötet, der Tötungsbiss wird nur angedeutet und dann tauschen Jäger und Beute vielleicht die Rollen. Im Spiel wird also nicht gejagt, um die Beute zu stellen, sondern um gemeinsam zu spielen, und die Spielpartner tun gewöhnlich alles, um dieses Spiel möglichst lange aufrechtzuerhalten.

Spiel ist freiwillig und belohnt sich selbst

Spiel kann jederzeit von jedem Beteiligten beendet werden. Freiwilligkeit aller Spielpartner ist ein wichtiges Kriterium für jedes Spiel. Spiel ist selbstbelohnend und selbstverstärkend und muss deshalb nicht extra belohnt oder verstärkt werden. Für den Spaß im Spiel sorgt das körpereigene Belohnungssystem. Spielen fühlt sich gut an. Von „innen belohnt“, sucht der Hund nach den ersten Spielerfahrungen ständig nach neuen Spielgelegenheiten. Das körpereigene Belohnungssystem erleichtert das Lernen im Spiel, beinhaltet aber auch Gefahren. Insbesondere einseitige Spiele, z. B. Ballapportierspiele, können in zwanghafte Beschäftigung übergehen.

Spiel ist anders als die Realität

Das Verhalten im Spiel ist unvollständig, verändert, übertrieben, unökonomisch und unvorhersehbar. Im Spiel werden Verhaltensweisen ohne Gesamtbezug frei in veränderter Form, Ausführung und Intensität kombiniert. Bewegungen fehlen Komponenten des Ernstbezugs. Sie werden begonnen und nicht zu Ende geführt oder von einer Bewegung aus einem anderen Verhaltensbereich unterbrochen. Einzelne Komponenten aus Jagd, Flucht, Sexualverhalten, sozialer Körperpflege usw. werden anscheinend beliebig kombiniert. Die nächste Verhaltenssequenz im Spiel ist nicht vorhersagbar und jedes Spiel deshalb einzigartig.

Dem Verhalten im Spiel fehlt der Ernstbezug: Im Spiel bittet der Hund um Verfolgung, kehrt der Verfolgte freiwillig zurück, um erneut zu flüchten. Den Verhaltenssequenzen im Spiel fehlt die Endhandlung: Im Jagdspiel wird die Beute nicht wirklich getötet. Im Spiel werden nur Teilbereiche der passenden Körpersprache und diese übertrieben gezeigt, während der Rest des Körpers entspannt bleibt. Die Hunde beißen nur gehemmt oder deuten die Bisse mit weit aufgerissenem Maul übertrieben und symbolisch an.

Im Spiel wird mit Ersatzobjekten wie dem vom Wind bewegten Blatt oder mit vom Menschen zur Verfügung gestellten Spielzeugen als imaginärer Beute gespielt. Solche Ersatzobjekte können wie Spielpartner behandelt, angeknurrt, angebellt oder mit einer Spielverbeugung zum Spiel aufgefordert werden.

Spiel ist kreative Wiederholung

Wiederholung ist ein weiteres Merkmal von Spiel. Im Spiel werden Verhaltenselemente wie z. B. Kopfschleudern, Pföteln, Beißen, Anspringen oder die Spielverbeugung wiederholt. Dem Spielverhalten fehlt dabei die für das Training typische Ermüdung. Besonders Welpen spielen bis zur völligen körperlichen Erschöpfung. Meyer-Holzapfel (1956) vermutete, dass das Fehlen von Zielgerichtetheit, Endhandlung und Ernstbezug die spieltypischen Wieder-

Diese Bewegungen zeigen Golden Retriever Pepper (acht Jahre) und Camillo (drei Jahre) nur im Spiel.

holungen verursacht. Feddersen-Petersen (2008) nimmt an, dass Hunde durch die Wiederholungen im Spiel die Konsequenzen des eigenen Verhaltens lernen. Echtes Spielverhalten bleibt immer flexibel und variabel. Im Spiel wird eine Verhaltenssequenz nicht starr wiederholt, sondern immer wieder anders variiert. Zum Beispiel kann das Spielzeug im Mensch-Hund-Spiel gewechselt werden, es kann gerollt, geworfen oder versteckt werden, ohne dass es zum Spielabbruch kommt oder der Hund Stresssignale zeigt.

Im Objektspiel lernt Flyn seine Umwelt kennen. Durch Wiederholungen begreifen Welpen kausale Zusammenhänge.

Rollenwechsel, Selbsthandicap und Spielsignale

Weitere wichtige Merkmale von Spiel sind der Rollentausch und das Selbsthandicap sowie bestimmte Signale, die vor und im Spiel auftreten und eine Handlung eindeutig als Spiel kennzeichnen. Rollenwechsel, Selbsthandicap und Spielsignale haben auch die Funktion, dem Spielpartner zu signalisieren, dass man gern weiterspielen möchte (Aldis 1975, Fagen 1981, Bekoff & Byers 1998).

Rollenwechsel, die Weichheit der Bewegungen und lachende Spielgesichter bei Shari und Jones weisen darauf hin, dass sich hier zwei Spielpartner gefunden haben, die gut zusammenpassen.

Rollenwechsel

Im echten Spiel gibt es weder Gewinner noch Verlierer. Im Sozialspiel findet deshalb häufig ein Rollenwechsel z. B. „Jäger“ und „Gejagter“ und „Angreifer“ und „Verteidiger“ statt, damit alle beteiligten Spielpartner in Spiellaune bleiben (Aldis 1975, Zimen 1982). Ein Rollenwechsel wird ebenfalls durchgeführt, wenn ein außerhalb des Spiels statushohes oder körperlich überlegenes Tier im Spiel den „Unterlegenen“ spielt und sich besiegen lässt. Die Art und Weise des Rollenwechsels spiegelt nach Feddersen-Petersen (2008) die Individualität der Spieler und ihre soziale Beziehung zueinander. Deshalb variiert der Rollenwechsel zwischen Dyaden (Zweierbeziehungen) enorm, kann in einer Dyade selten vorkommen, bei einer anderen dagegen die Regel sein.

Selbsthandicap

Im Spiel zwischen ungleichen Spielpartnern (ungleich in Größe, Kraft, Alter, Spielbereitschaft) gibt es das freiwillige Selbsthandicap. Als Selbsthandicap bezeichnet man das Verhalten, mit dem ein Hund sich freiwillig in eine ungünstige Position begibt oder die ihm verfügbaren Fähigkeiten nicht vollständig einsetzt (Burghardt 2005, Bekoff & Byers 1998). Erwachsene, ranghohe, starke oder große Hunde legen sich z. B. auf den Rücken und laden aus einer ungünstigen Position heraus zum Spiel ein. Dies ist häufig beim Spiel von erwachsenen Hunden mit Welpen und generell häufiger beim Spiel vertrauter Spielpartner zu beobachten, da das Einnehmen einer solchen Position Vertrauen in den Spielpartner voraussetzt (Aldis 1975, Bloch 2002).

Spielsignale

Um Spielverhalten von der nichtspielerischen Verhaltensvariante – z. B. eine Spielattacke von einem echten Angriff – zu unterscheiden, haben Hunde Spielsignale wie die Spielverbeugung (play bow/Vorderkörpertiefstellung) oder das Spielgesicht (open-mouth-display) entwickelt (Aldis 1975, Bekoff & Byers 1998).

Oskar in eindeutiger Selbsthandicap-Pose, mit Spielgesicht und typischem Spielblick ins Leere.

1—*Die Spielverbeugung (play bow) als eindeutiges Spieleinladungssignal wird gegenüber Lebewesen und Objekten eingesetzt.*
2—*Camillo (liegend) in Selbsthandicap-Pose.*
3—*Spielgesicht beim Aussie-Welpen Murphy, angedeutete Spielverbeugung bei Oma Gina.*
4—*Mit Spielverbeugung lädt Buster Billie Blu zum Jagdspiel ein.*

Die 50:50-Regel

Die sogenannte 50:50-Regel besagt, dass im Spielkampf jeder Spielpartner die gleiche Möglichkeit hat, zu „gewinnen" oder dass er ungefähr den gleichen Anteil an offensiven und defensiven Verhaltensweisen zeigt (Aldis 1975, Pellis 2009). Weder bei Welpen noch bei erwachsenen Hunden ist dieses Verhalten aber tatsächlich mathematisch ausgewogen. Spielen erwachsene, nicht verwandte, nicht zusammenlebende Hunde auf der Hundewiese miteinander, zeigen ältere Individuen weniger Selbsthandicap – und häufiger offensives Verhalten. Rollenwechsel finden in dieser Situation ebenfalls nicht mathematisch ausgewogen statt (Bauer u. a. 2007, 2009; Ward u. a. 2008).

Erkennungsmerkmale für die Praxis

Bekoff beschreibt als eindeutiges Erkennungsmerkmal für Spiel: „Der Beweis oder ‚Lackmustest' für Spiel ist dann gegeben, wenn man eine Kombination von Verhaltensweisen aus unterschiedlichen Kontexten alle zur gleichen Zeit beobachtet. Diese Verhaltensvariation innerhalb einer unvorhersehbaren Spielsequenz kann man nirgendwo außerhalb der Kreativität des Spiels sehen." (Bekoff 2007, S. 16). Von den beschriebenen

Spielkriterien abgeleitet, können in der Praxis folgende Erkennungsmerkmale beim Beobachten des Hundespiels hilfreich sein (vgl. Gattermann 2006, S. 303).

Erkennungsmerkmale auf einen Blick

- Übertriebene Bewegungen (z. B. Kopfschleudern oder Hopsen)
- Wiederholte Handlungsabläufe bzw. -fragmente (z. B. Anspringen, Spielbeißen)
- Unvollständiges, bruchstückhaftes Verhalten (z. B. Pausen im Jagdspiel)
- Andere Reihenfolge des Verhaltens (z. B. Verfolgen nach Beißschütteln)
- Weglassen oder Begrenzen der Endhandlung (z. B. gehemmtes Beißen)
- Schneller Situations- und Rollenwechsel (z. B. Angreifer – Verteidiger)
- Häufiger Einsatz von Ersatzobjekten (z. B. Verfolgen von Spielobjekten)
- Fehlen des Ernstbezugs (z. B. Selbsthandicap im Spielkampf)
- Spielsignale (z. B. Spielgesicht und Spielverbeugung)
- Lustbetontes Verhalten und ansteckende Wirkung

Spiel oder Nichtspiel

Einige Merkmale von Spielverhalten treffen auch auf anderes Verhalten zu, was eine Unterscheidung erschwert. Neue Gegenstände lösen Exploration und Objektspiel aus. Spiel aktiviert das körpereigene Belohnungssystem, was die Gefahr von Suchtverhalten beinhaltet. Ein Merkmal von Spiel ist Wiederholung, was eine Abgrenzung zu Stereotypverhalten erschwert.

Von Angst über Neugier zum Spiel

Neugier-, Explorations- und Spielverhalten werden häufig in einen Zusammenhang gebracht. Nach Gattermann ist Neugierverhalten „exploratives Handeln meist in Zusammenhang mit Lokomotion und Manipulation“ (Gattermann 2006, S. 216) und Explorationsverhalten „ein multifunktionelles Suchverhalten, das der Orientierung im eigenen Lebensraum dient [...]. Der Informationsgewinn erfolgt beim Explorationsverhalten im Gegensatz zum Neugierverhalten ohne größere Manipulationen.“ (Gattermann 2006, S. 87) Neue Situationen und Gegenstände lösen besonders bei Welpen zuerst mehr oder weniger Unsicherheit oder Angst aus: „Geht von der neuen Situation, dem unbekannten Gegenstand eventuell Gefahr aus?“, dann

Beim ersten Ausflug in den Garten reagieren die Australian-Shepherd-Welpen zuerst etwas unsicher.

Neugier und Explorationsverhalten: „Was ist das?“, und darauf eventuell Spielverhalten: „Was kann ich damit tun?“. Diesen Ablauf kann man beobachten, wenn Welpen in eine neue Umgebung (z. B. den Garten des Züchters) gebracht werden, das erste Mal in die Welpengruppe kommen oder ein neues Spielgerät kennenlernen.
Die Abgrenzung zwischen Exploration und Spiel ist schwierig, weil die Übergänge fließend sind und beide Verhaltensweisen auch im Wechsel vorkommen. So kann eine plötzliche unerwartete Bewegung eines neuen Gegenstandes zum Rückzug führen, wenn die Angst überwiegt. Nach einer Weile nimmt dann wieder die Neugier zu und führt zu einer erneuten Annäherung. Nach Bekoff ist es „die Funktion von Exploration, Probleme zu vermeiden, aber die von Spiel, Probleme zu bewältigen.“ (Spinka, Newberry & Bekoff 2001, S. 144). Explorationsverhalten ist von Vorsicht gekennzeichnet und verschwindet, wenn genügend Informationen über das neue Objekt gesammelt worden sind. Spiel ergibt sich nach der Erkundung eines neuen Objektes, wird ausgelöst durch dessen Reaktionen (Rollen, Hüpfen, Schaukeln) und findet wiederholt statt. Am einfachsten ist der Unterschied an der Körperspannung des Hundes, seiner allgemeinen Tendenz zur Annäherung oder zur Flucht zu erkennen.
Ich finde es schade, wenn Welpen nicht ausreichend Zeit zur Erkundung neuer Situationen erhalten, sondern mit Futter gelockt werden, bevor sie aus eigener Kraft ihre Unsicherheit oder Angst überwinden können. Auch Hunde sind stolz darauf, wenn sie es schaffen, ein kleines Stück über sich hinauszuwachsen.
Dieses intrinsisch – vom körpereigenen Belohnungssystem – hervorgerufene Gefühl ist der Antrieb für das weitere Lernen. Es sorgt für das spielerische Lernen aus Spaß am Lernen, das „Lernen des Lernens“ und ist etwas anderes als „Lernen für Futter“ oder „Lernen für Lob“.

Exploration und Spiel

Exploration geht Spiel voraus, und beides geht fließend ineinander über. Hunde sollten ausreichend Gelegenheit zur Erkundung neuer Situationen und Objekte haben, damit Spiel inklusive selbst initiierter Bewältigungsstrategien und selbst gefundener Problemlösungen überhaupt möglich wird.

Apportieren hat Suchtpotenzial (Balljunkie).

Vom Spiel zum Zwang

Stereotypverhalten wird definiert als „sich wiederholendes, weitgehend formkonstantes Verhalten, das der konkreten Umweltsituation nicht entspricht, nicht im Zusammenhang mit ihr steht und zwanghaften Charakter trägt" (Gattermann 2006, S. 309). Tiere, die Stereotypien zeigen, haben eine verringerte Zahl von Opioidrezeptoren im Gehirn und besonders stereotypieanfällige Tiere einen Dopaminmangel in manchen Hirnregionen (Gansloßer 2007, S. 73). Verhaltensstereotypien helfen Hunden, mit stressigen Situationen – sei es aus Unter- oder Überforderung – umzugehen, da die wiederholt stereotyp ausgeführten Bewegungen Dopamin freisetzen. Dopamin freisetzende Wiederholung ist auch eines der Merkmale von Spiel. Im Spiel variiert der Hund diese Verhaltenswiederholungen jedoch, er führt das Verhalten nicht starr und in immer der gleichen Weise und Reihenfolge aus. Das freudig erregte Kreislaufen eines Hundes beim Rennspiel unterscheidet sich deutlich von dem depressiv wirkenden stereotypen Kreislaufen eines Zwingerhundes. Der spielende Hund freut sich beim Anblick des Balls auf eine gemeinsame Aktivität mit seinem Menschen. Der süchtige Hund reagiert mit höchster Erregung auf den Ball, zeigt im Spiel, bei Unterbrechungen und am Spielende deutliche Stresszeichen, sein Mensch ist als Werfer austauschbar.

Spiel unterscheidet sich von Stereotyp- oder Suchtverhalten durch die Variabilität und Flexibilität des Verhaltens. Die zunehmende Fixierung auf ein Spielobjekt mit Austauschbarkeit des Spielpartners ist ein Hinweis auf Suchtentwicklung.

Spiel, Training und Beschäftigung

Die Einstufung einer Beschäftigung als Spiel oder Nichtspiel ist relativ einfach, wenn man das Kriterium des Spieleforschers Stuart Brown (2008) benutzt. Kommt es bei der Beschäftigung mehr auf das Tun selbst an, ist es Spiel. Steht

das Erreichen eines bestimmten Ziels im Vordergrund, z. B. der Gewinn eines Pokals beim Agility, die Erziehung des Hundes beim Clickern, das Apportieren des Futterbeutels oder das Rollen eines Futterballs wegen des enthaltenen Futters, ist die Beschäftigung kein Spiel.
Je zielorientierter die Beschäftigung von Mensch oder Hund durchgeführt wird, desto eher fallen die positiven Begleiterscheinungen des Spiels weg. Wer also betont, dass das Spiel mit dem eigenen Welpen immer einen Sinn verfolgen muss, hat das Phänomen Spiel offensichtlich nicht verstanden.
In einer Studie wurden die Besitzer ungarischer Diensthunde (Polizisten und Grenzschützer) aufgefordert mit ihren Hunden zu spielen. Die eine Gruppe gab ihren Hunden das Kommando zu spielen, disziplinierte sie im Spiel kontinuierlich und lobte sie, wenn sie sich „korrekt" verhielten. Die andere Gruppe interagierte eher kooperierend und spielerisch. Vor und nach dem Spiel wurde der Cortisolspiegel der Hunde mittels Speichelprobe gemessen. Cortisol ist ein Hormon, das bei Stress ausgeschüttet wird und deshalb als Stressindikator dient. Die erste Gruppe hatte nach der „Spielsituation" einen erhöhten Cortisolspiegel, die zweite einen verringerten. Obwohl beide Gruppen von Hundehaltern das Gefühl hatten, mit ihrem Hund zu spielen und auch beide die gleichen Aktionen (Spielzeug werfen, Zerren usw.) ausführten, erlebte nur die zweite Hundegruppe die gemeinsame Beschäftigung wirklich als Spiel, während die Hunde der ersten Gruppe die Situation eher als Training erlebten und mit Stress reagierten (Horváth, Miklósi u. a. 2008).

Spiel und Zielverhalten

Im Spiel gibt es, im Gegensatz zum Training oder anderen zielgerichteten Beschäftigungen, kein festgelegtes Zielverhalten.

Fritz und Wolf arbeiten im Training zielgerichtet, z. B. an der Distanzkontrolle oder an einem Sprung.

Wie fühlt sich Spiel an? – Spiel von innen betrachtet

Um den biologischen Hintergrund eines Verhaltens zu verstehen, ist es gut, die distanzierte Betrachtungsweise eines Wissenschaftlers einzunehmen. Dieser „Blick von außen" reicht jedoch nicht aus, um Spiel zu verstehen. Damit wir Spiel verstehen, müssen wir auch die innere Perspektive der Spielenden berücksichtigen.

Eine berühmte Definition, die versucht, das Gefühl und Erleben des Spiels zu beschreiben, stammt von Huizinga: „Spiel ist eine freiwillige Handlung oder Beschäftigung, die innerhalb gewisser festgesetzter Grenzen von Zeit und Raum nach freiwillig angenommenen, aber unbedingt bindenden Regeln verrichtet wird, ihr Ziel in sich selber hat und begleitet wird von einem Gefühl der Spannung und Freude und einem Bewusstsein des ‚Andersseins' als das ‚gewöhnliche Leben'" (Huizinga 2006, S. 37).

Spiel ist gekennzeichnet von einem besonderen Bewusstsein, von Spannung und Freude. Spiel fühlt sich anders an als das gewöhnliche Leben, weil die üblichen Konventionen hier nicht gelten und es im Spiel kein Ziel gibt, außer dem „Spaß zu haben". Ein Spiel mit unserem Hund entwickelt sich eben nicht, wenn wir uns überlegen: „Komm Bello, wir spielen eine Runde, um an deiner Beißhemmung zu arbeiten." Spiel startet eher mit dem Gefühl „He, ich jedenfalls bin in Spiellaune, mal gucken, ob und wozu mein Hund heute Lust hat".

Neben dem entspannten Umfeld und der Spielspannung, gehört zur besonderen Atmosphäre von Spiel auch Imagination, Fantasie und Kreativität, das „So-Tun, als-ob". Hunde tun so, als ob das Stöckchen, der Ball oder der Hundekumpel Beutetiere wären, die es einzeln

Entspanntes Spiel mit übertriebenem Maulaufreißen bei Shari und gespielter Submission bei Jones.

oder als Gruppe zu verfolgen gilt. Hunde tun so, als ob sie miteinander oder um ein Spielzeug kämpfen. Das „So-Tun, als-ob" wird u. a. daran deutlich, dass sie beim Jagdspiel nur mit gedrosselter Geschwindigkeit rennen, sich beim Zerrspiel freiwillig zurücknehmen und im Spielkampf nur gehemmt beißen.

Schlafen, Träumen, Spielen – Spiel als Bewusstseinszustand

Spielverhalten ist keine unreife Form von erwachsenem Verhalten, sondern eine eigene Verhaltenskategorie auf Basis einer eigenen neuronalen Struktur. Der Psychobiologe und Emotionsforscher Jaak Panksepp hat verschiedene grundlegende emotionale „Systeme" gefunden, eines davon nennt er „Play-System", also „Spiel-System" (Panksepp 1998). Im Spiel ist das Play-System und damit ein anderer Gehirnbereich aktiv, als z. B. bei der Jagd oder bei Wut und Angst und den daraus resultierenden aggressiven Handlungen. Das Play-System überlappt sich mit anderen Gehirnbereichen, z. B. mit denen, die bei Freude und Bewegung aktiviert sind. Panksepp sieht zudem Parallelen zwischen Spiel und Traum: „Tatsächlich könnte Spiel das wache Gegenstück zu Träumen sein." (Panksepp 2005)
Spiel ist auch für den Psychiater und Gründer des US National Institute for Play, Stuart Brown, ein besonderer mentaler Zustand, so wie Schlafen, Wachen und Träumen, weil im Spiel Hirnregionen aktiv sind, die bei keiner anderen Tätigkeit aktiviert sind. „Spiel ist eher

1

2

1—Lachende Spielgesichter bei Pepper und Camillo.
2—Mutter Frida lässt sich von der Spielstimmung Flyns anstecken.

ein Bewusstseinszustand als eine Aktivität." (Brown 2009) Er sieht die Suche nach Neuem, Frischem als Kennzeichen des Spiel-Bewusstseinszustands und weist darauf hin, dass die Gehirnbereiche, die Spiel auslösen, die gleichen sind, die Schlaf und Träumen aktivieren. Stuart Brown glaubt, dass der Wunsch, akzeptiert zu werden, das Bedürfnis nach Zugehörigkeit, Motivation für das

Mit einer angedeuteten Spielverbeugung lädt Burns Billie zum Spiel ein.

Sozialspiel ist. Nur durch die Erfahrung des gemeinsamen Spiels entsteht das Gefühl, „dazuzugehören".
Der kognitive Ethologe Marc Bekoff weist darauf hin, dass man sich im Spiel gleichzeitig „entspannt, aufgeregt und vergnügt" fühlen kann, und betont, dass dieser einzigartige Gefühlszustand ausschließlich im Spiel vorkommt (Bekoff 2008).

Warum Spielen Spaß macht

Eines ist im Zusammenhang mit Spiel unumstritten: Spielen macht Spaß. Aber warum ist das eigentlich so? Eine spannende Entwicklung der letzten Jahre ist das Aufdecken der neurobiologischen Hintergründe des Verhaltens. Wissenschaftler (Panksepp 1998, Siviy 1998, Pellis 2009) versuchen herauszufinden, was im Körper vorgeht, wenn Tiere spielen. Für das Spielerleben und das gute Gefühl beim Spiel sorgen Hormone bzw. Neurotransmitter wie Dopamin, Noradrenalin, Oxytocin und die körpereigenen Opioide (Endorphine). Zusätzlich sorgen diese körpereigenen Substanzen dafür, dass im Spiel besonders gut gelernt wird. Neben den vielen positiven Kurzzeitwirkungen der körpereigenen „Spiel-Chemie" haben Vielspieler einen insgesamt niedrigeren Cortisolspiegel, d. h., sie gehen entspannter durchs Leben. Tiere, die in sozialer Isolation aufwachsen und deshalb in der Jugend keine oder wenig Möglichkeit zum Spiel haben, leiden unter einer dauerhaften Veränderung des Dopamin-, Noradrenalin- und Serotoninlevels.

Vorfreude und Abenteuerlust

Situationen, die mit Belohnung z. B. in Form von Nahrung, Sex, Spiel oder anderen positiven sozialen Kontakten verknüpft sind, aktivieren das Dopaminsystem. Das wiederum resultiert in Verhalten mit ansteigender motorischer Aktivität, z. B. einem systematischen

Das körpereigene Belohnungssystem

Das körpereigene Belohnungssystem aktivieren Sie bei Ihrem Hund, wenn Sie ihm ermöglichen, spielerisch Herausforderungen zu bewältigen, eigene Grenzen zu überschreiten und Aufgaben selbstständig zu lösen. Mit anderen Worten: Wenn Sie Spielsituationen so gestalten, dass Ihr Hund nicht überfordert ist, aber die Möglichkeit hat, ein bisschen über sich hinauszuwachsen.

Suchverhalten. Dieses Suchen wiederum erhöht die Wahrscheinlichkeit, erneut mit positiven Verstärkern in Kontakt zu kommen. Ein Kreislaufsystem des Spiels entsteht: Wer viel spielt, erfährt viel Belohnung und sucht dann immer wieder nach neuen Spielmöglichkeiten. Dopamin ist für die freudige Erwartungshaltung bei der Aussicht auf Spiel verantwortlich und besonders in der Anfangsphase von Spiel bedeutsam.

Dopamin ist ein Neurotransmitter, ein körpereigener Stoff, der bei der Übertragung der Impulse zwischen den Nervenzellen im Gehirn beteiligt ist. Schon die Aussicht auf Spielkämpfe wirkt belohnend, sowohl für den früheren Sieger als auch für einen früheren Verlierer. Dopamin ist sowohl für den Wunsch zu spielen, als auch für die Freude im Spiel (mit) verantwortlich. Ein hoher Dopaminspiegel hat Spiel mit viel Bewegung zur Folge, während in Experimenten eine künstliche Dopaminreduzierung die Bewegungsfreude im Spiel reduzierte.

Geborgenheit und Sicherheit

Als weitere endogene Substanzen beeinflussen die körpereigenen Opioide das Spiel. Diese Endorphine haben wie Morphium eine beruhigende, entspannende, angstlösende und schmerzstillende Wirkung. Wird die körpereigene Produktion dieser Substanzen künstlich blockiert, nimmt Spiel ab. Geringe

Der Mensch als sichere Basis beschützt seinen Welpen, wenn dieser überfordert ist.

Soziale Sicherheit und Bindung

Damit das Gefühl der sozialen Sicherheit (Geborgenheit) entstehen kann, muss der Hund eine Bindung zu seinem Besitzer entwickelt haben und ihn als denjenigen erleben, der ihn unterstützt und beschützt, wenn er überfordert ist.

Gaben von Morphium steigern Spiel, hohe Dosen reduzieren es jedoch deutlich. Siviy (1998) glaubt, dass die körpereigenen Opioide die Freude hervorrufen, die Tiere beim Spiel empfinden. Panksepp vermutet, dass in Spielkämpfen das Gefühl der eigenen Stärke einen Einfluss darauf hat, welches Tier gewinnt. Dieses Gefühl der „psychologischen Stärke“ wird auf natürliche Weise durch die Nähe des sozialen Bindungspartners hervorgerufen. Künstlich wird es durch Morphium ausgelöst. Erhält ein tierischer Spielpartner (z. B. eine Ratte) vor dem Spielkampf eine geringe Dosis Morphium, siegt diese Ratte im Spielkampf. Bei Hundewelpen, die einer Trennungssituation ausgesetzt waren, wurde mit geringen Morphiumgaben der Trennungsschmerz reduziert (Panksepp 1978). Wird ein Tier mit einem Medikament behandelt, das die Ausschüttung der körpereigenen Opiate unterdrückt (ein Opiat-Antagonist), verliert es den Spielkampf. Es ist ohne diese körpereigenen Stoffe empfänglicher für negative Gefühle. Es fühlt sich unsicherer (Panksepp 1998). Das andere Tier gewinnt demzufolge, weil es sich sicherer fühlt und nicht wegen seiner körperlichen Überlegenheit. Damit zeigt Panksepp, warum die Anwesenheit eines vertrauten, sicherheitsgebenden Individuums (bei Welpen ist dies die Hundemutter und später der Halter) besonders für Welpen so wichtig ist, damit diese entspannt spielen können. Das sichere Gefühl, das bei Panksepps Ratten auf künstlicher Morphiumgabe beruhte, gewinnt der Hund aus der Anwesenheit seines Menschen.

Vertrauen und Bindung

Für die Bindung zwischen zwei Individuen sorgt das Hormon Oxytocin, das in der Hirnanhangsdrüse produziert wird und auch als Neurotransmitter im Gehirn wirkt. Oxytocin wird auch als „Vertrauenshormon“ bezeichnet, weil es eine Rolle bei der Geburt, beim Stillen, der Paarbindung, beim Sex, in der Liebe und beim mütterlichen Pflegeverhalten spielt. Oxytocin ist dafür verantwortlich, dass wir uns die individuellen Merkmale eines Individuums einprägen, dass wir also mit ihm vertraut werden. Als Gegenspieler des Cortisols mindert,

Vertrauen ist die Bedingung für entspanntes Spiel, hier von Zwergdackel Flocke-Lou und Dogge Karl.

bzw. verhindert Oxytocin Stress und ermöglicht angstfreie soziale Kontakte. Spiele mit Körperkontakt, Streicheln und Kraulen, also mit vielen taktilen Reizen bei Hund und Mensch, führen zur Aktivierung der Hautrezeptoren, was wiederum zur Ausschüttung von Oxytocin führt.
Sie können Stresssituationen wie z. B. dem Tierarztbesuch vorbeugen, indem Sie vorher ausgiebig mit Ihrem Hund spielen, und Sie steigern diesen Effekt, wenn Sie das Spiel mit einer ausführlichen Streicheleinheit beenden.

Wettbewerb und Kooperation im Spiel

Die meisten Hunde lieben Zerrspiele. Mich hat ein Zerrspiel zwischen einem Rottweiler und einem Yorkshire Terrier beeindruckt, in dem die beiden so tun, als ob sie um eine Socke streiten. Der Rottweiler liegt entspannt und hält sein Sockenende mit spitzen Zähnen locker

1—*Oma Gina gibt den Welpen die nötige Sicherheit.*
2—*Ein zärtliches Umfassen der Welpenschnauze als Geste des gegenseitigen Vertrauens.*

fest, während der Yorkie stehend, mit vollem Körpereinsatz an der Socke zerrt. Der Rottweiler leistet Beachtliches, weil er sich extrem zurückhält und gerade nur so viel Kraft investiert, dass der Yorkie die Lust am gemeinsamen Spiel nicht verliert.
Liest man ältere Verhaltensstudien von Caniden, findet man eine starke Betonung von Rang, Wettbewerb und Konkurrenz (vgl. Miklósi 2009, S. 81ff und

Irish Terrier Frida fordert Buster, Flyn und Burns auf, sie im Rahmen eines Jagdspiels zu verfolgen, in dem sie das Beutetier spielt.

Bloch 2002, S. 224). Verhaltensweisen des auf das Leben im Familienrudel angelegten Hundes, die eher auf Kooperation hinweisen, fanden hier weniger Beachtung.
Dabei gibt es etliche dieser kooperierenden Verhaltensweisen und sie tauchen früh auf. Dazu gehören die Knäuelbildung der noch nicht temperaturregulierenden Welpen und die sehr früh einsetzende Stimmungsübertragung unter Welpen. Ältere Welpen halten Kontakt zueinander, weil sie dann bessere Chancen haben, von den Eltern gesucht zu werden. Die Welpen kooperieren in der Entwöhnungsphase wegen der besseren Chance, doch noch an das Gesäuge der

Jagdspiele bieten Hundewelpen die Gelegenheit, ihre Kooperation zu üben, um die „Beute“ zu „stellen“.

Mutter zu gelangen. Sie kooperieren in Gruppenjagdspielen beim Einkreisen und Stellen der Spielbeute. Sozial lebende erwachsene Caniden kooperieren bei der Jagd, der Verteidigung von Beute und Territorium und der Aufzucht der Jungen (Mech 1999, Bloch 2004, 2007, 2009, 2010).

Spiel, insbesondere Sozialspiel, ist ein Phänomen, das nicht nur mit Konkurrenz und Wettbewerb erklärt werden kann. Ginge es im Spiel tatsächlich darum festzustellen, welcher Spielpartner der Schnellere, Stärkere oder Selbstbewusstere ist, gäbe es weder Selbsthandicap noch Rollentausch, beides Verhaltensweisen, die eingesetzt werden, damit alle beteiligten Hunde in Spiellaune bleiben.

Wenn Hundewelpen älter und körperlich in der Lage zu Verfolgungsjagden sind, sieht man, wie die Mutter die Welpen zum Jagdspiel einlädt, d. h., sie fordert den Nachwuchs auf, sie zu verfolgen. Nur durch die Kooperation der Welpen im Spiel gelingt es diesen, die Beute spielende Mutter zu stellen. Bei anderen Gelegenheiten beteiligt die Mutter sich an gemeinsamen Zerrspielen, bei denen sie sich aufgrund der ungleichen Kräfteverhältnisse deutlich zurücknehmen muss. Diese Erziehung zur Zusammenarbeit im Rahmen des Sozialspiels könnte im natürlichen Rudel das Ziel haben, die Stärken und Schwächen jedes Welpen und die damit verbundene spätere Aufgabenübernahme bei der Jagd herauszufinden und die dafür nötige Kooperation zu üben. Einerseits ist Sozialspiel ohne Kooperation der Spielpartner nicht möglich. Auf der anderen Seite ist Spiel ganz ohne Wettbewerb langweilig. Das Forscherpaar Pellis (2009) hat sich intensiv mit dem Zusammenhang von Spiel und Gehirnentwicklung beschäftigt. In ihren Experimenten verabreichten sie Ratten Drogen, die deren Reaktion auf den Spielpartner hemmte. Dabei stellten sie fest, dass eine solche künstlich „ruhiggestellte“ Ratte ein unbeliebter Spielpartner war. Der Spielpartner einer solchen Ratte verliert schnell die Lust am Spiel. Ginge es den Tieren bei den Kampfspielen nur um das Gewinnen, das Beherrschen oder „Dominieren“ des Spielpartners, hätten die ruhiggestellten Ratten eigentlich sehr beliebte Gegner sein müssen, weil sie leicht zu überwältigen sind. Die Sache scheint daher eher so zu sein, dass ein Jungtier einen Spielpartner bevorzugt, an dem es sich messen und weiterentwickeln kann und das Siegen oder Verlieren dabei eine untergeordnete Rolle spielt.

Nur Oskars Selbsthandicap und die Kooperation der ungleichen Spielpartner ermöglichen Spiel.

Falschspieler oder Tugendbolde – wie ehrlich sind Spielsignale?

Hunde haben spezielle Signale wie die Spielverbeugung entwickelt, um ihre Spielabsicht anzuzeigen. Damit ein solches Spielsignal „funktioniert", muss sich der Spielpartner darauf verlassen können, dass er nicht getäuscht wird. In der Regel sind Spielsignale ehrlich gemeint. Sie transportieren wirklich die ehrliche Absicht, zu spielen. Ein Hund, der häufiger gegen diese ehrliche Kommunikation verstößt, wird von den anderen Hunden gemieden. Er findet keinen Spielpartner mehr. Im natürlichen Rudel kann das sehr wohl einen Einfluss auf die eigenen Überlebenschancen haben. Bekoff (2008) fand heraus, dass die „nicht spielenden" Kojoten mit höherer Wahrscheinlichkeit das Rudel verlassen, als die „spielenden". Außerhalb des Rudels sinkt die Überlebenschance beträchtlich (von 55 % auf 20 %). Vertrauen in ehrliche Kommunikation ist eine Voraussetzung dafür, dass Sozialspiel funktioniert. Bekoff gibt an, dass „Falschspieler" bei Hundeartigen sehr selten sind. Er hat bei ca. 1 000 Beobachtungen von wilden Kojoten nur fünf bis sechs Mal ein Eskalieren der Spielkämpfe in Echtkämpfe beobachtet (Bekoff 2010). Zu einem ähnlichen Ergebnis kam eine Untersuchung von Hundespiel in den amerikanischen „Dog Parks", in denen im Beobachtungszeitraum von acht Monaten weniger als 0,5 % der Spielkämpfe eskalierten (Shyan 2003). Die Spieleinladung unseres Hundes ist also in der Regel ehrlich gemeint und kein latenter Manipulationsversuch.

Gut, dass wir darüber geredet haben – Metakommunikation im Spiel

Ähnlich wie die kognitiven und emotionalen Fähigkeiten der Tiere, wurde auch Spiel als Gegenstand wissenschaftlicher Forschung lange Zeit nicht ernst genommen, bzw. für „nicht erforschbar" gehalten. Das ist mittlerweile völlig anders. Gerade Spiel eignet sich hervorragend, um z. B. die kognitiven Fähigkeiten von Tieren zu untersuchen. Hunde spielen schließlich nicht „irgendwie herum". Die Aktionen im Hundespiel stammen alle aus der Realität, wenn sie im Spiel auch in anderer Reihenfolge und unvollständig ausgeführt werden. Deshalb müssen Hunde im Sozialspiel eine Übereinkunft treffen: „Wir kämpfen nicht wirklich … alles nur Spiel"; „Wir jagen nicht wirklich … alles nur Spiel." Das setzt voraus, dass Bello in der Lage ist, Charly zu vermitteln, dass er in Spiellaune ist. Bello muss außerdem erkennen, ob Charly ihn verstanden hat und der Spieleinladung zustimmt. Bello muss auch erkennen, wann seine Spielaktivität für Charly zu rau wird, er muss sich z. B. entschuldigen oder zumindest signalisieren, dass er immer noch spielt.

Das Erkennen, ob das Gegenüber etwas ernst meint oder nicht, ist nicht immer ganz einfach. Sie erinnern sich sicher an Situationen, in denen jemand sorgfältig Ihren Gesichtsausdruck studierte, weil er im Zweifel war, ob Sie Ihre Äußerung ernst gemeint hatten oder nur Spaß machten. Ganz schwierig wird es, wenn wir den anderen nicht sehen und hören können und nur seine schriftliche Aussage lesen. Im Internet wurden deshalb

Pepper zeigt mit der Spielverbeugung ein Metakommunikationssignal: „Alles, was ich ab jetzt tue, ist Spiel und nicht ernst gemeint."

verschiedene Symbole, die „Emoticons" erfunden. Mit dem Symbol ;-) weisen Sie z. B. darauf hin, dass Sie Ihre Aussage mit einem Augenzwinkern machen, diese also nicht so ernst zu nehmen ist. Hunde haben ebenfalls ein Symbol erfunden, mit dem sie sich gegenseitig mitteilen, „alles, was folgt, bitte nicht ernst nehmen". Dieses Symbol ist die Spielverbeugung. Bekoff (1995) hat herausgefunden, dass diese Spielverbeugung nicht nur als Einladung zum Spiel auftritt. Sie taucht auch während des Hundespiels auf, und zwar nicht zufällig. Spielverbeugungen treten während des Spiels gehäuft dann auf, wenn ein Spielpartner zu heftig war und deshalb ein Missverständnis entstehen könnte: „Spielen wir immer noch?" An dieser Stelle ist eine Spielverbeugung als Entschuldigung oder zumindest als deutlicher Hinweis „OK, OK, alles nur Spiel" fällig.

Hunde, die sich gegenseitig mit der Spielverbeugung, dem Spielgesicht oder anderen Signalen ihre Spiellaune mitteilen, führen damit etwas durch, was man bei Menschen „Metakommunikation" nennen würde. Sie unterhalten sich vor und während des Spiels darüber, dass alles, was sie im Spiel tun werden – sei es ein frontaler Sprung direkt auf den Partner zu, ein Biss, ein grober Rempler oder ein Aufreiten – nicht als aggressiver Akt oder als Paarungsversuch zu verstehen ist, wie es ohne dieses einleitende Signal möglich wäre.

Spiegel, Neuronen und gelber Schnee – Von Empathie zur Theorie des Geistes

„Wenn sogar Nagetiere so etwas wie Mitleid empfinden, liegt der Empathie wahrscheinlich ein neuronaler Mechanismus zugrunde, der evolutionsbiologisch älter ist als der Mensch." (Frans de Waal 2008 a, S. 54)

Als Theory of Mind (Theorie des Geistes) wird die Fähigkeit bezeichnet, zu verstehen, dass andere Individuen eine andere Perspektive haben, als man selbst, dass sie die Welt auf eine andere Weise erleben, dass ihre Wahrnehmung sich von der eigenen unterscheidet. Das setzt voraus, dass Individuen zumindest eine gewisse Form von Ichbewusstsein besitzen, mit dem sie sich mental von anderen Individuen abgrenzen. Es setzt auch voraus, dass man die Perspektive des anderen mental nachvollziehen kann, sich also „empathisch" verhält. Es gibt Hinweise darauf, dass Hunde diese Fähigkeit besitzen. Bisher hielten Wissenschaftler das für unmöglich, weil Hunde den Spiegeltest nicht bestehen, mit dem das „Ichbewusstsein" gemessen wird. Hunde erkennen sich selbst im Spiegel nicht, weil sie nun einmal Nasen- und keine Augentiere sind, anders als wir Primaten. Marc Bekoff (2001 a) hat in seinem „Yellow snow"-Experiment mit seinem eigenen Hund Jethrow herausgefunden, dass dieser seinen eigenen Geruch sehr wohl erkennt und von anderen Hundemarken unterscheidet, ein Hinweis darauf, dass Hunde kein visuelles, sondern ein olfaktorisches „Ichbewusstsein" besitzen. Alexandra Horowitz (2009) entdeckte, dass Hunde, die in Spiellaune sind, erkennen, ob sie die Aufmerksamkeit anderer Hunde haben oder nicht, ein Anhaltspunkt dafür, dass sie sich in den anderen Hund hineinversetzen können. Eine ganze Reihe von Studien zeigte, dass ein Hund sein Verhalten davon abhängig macht, ob ein Mensch ihn sehen oder hören kann, was darauf hinweist, dass er mental dessen Perspektive einnehmen kann (Call u. a. 2003, Miklósi 2009, Kundeya 2010).

Frederike Range (2009) fand heraus, dass Hunde ihre Besitzer imitieren, was als Hinweis auf ein Spiegelneuronensystem bei Hunden gilt. Spiegelneuronen sind Nervenzellen im Gehirn, mit denen ein Individuum die Handlung eines anderen Individuums „mental" nachvollzieht. Beim Menschen „feuern" diese Neuronen, wenn er andere beobachtet, hört oder er sich dessen Handlung vorstellt (Bauer 2006, Rizzolatti & Sinigaglia 2008).

Welpen lernen durch das Eingreifen der erwachsenen Hunde die Spielregeln des Rudels.

Nach MacLean (1985) ist Theory of Mind „die Fähigkeit, den mentalen Status eines anderen Individuums einzuschätzen", und Empathie „die Fähigkeit, die emotionale Erfahrung eines anderen Individuums nachzuvollziehen". Es wird vermutet, dass Spiegelneuronen für diese Fähigkeiten verantwortlich sind. Empathie, das Einfühlen in ein anderes Individuum, hat kognitive und emotionale Anteile. Auch bei kleinen Kindern, deren geistige Kapazitäten noch nicht komplett ausgereift sind, ja sogar bei Säuglingen beobachten Forscher Ansätze von Empathie, und zwar schon in einem Alter, in dem sie sich noch nicht als ein von der Umwelt getrenntes Individuum begreifen (Goleman 1997, de Waal 2009). Der Neuro-

biologe Joachim Bauer, der davon ausgeht, dass Hunde Spiegelneuronen besitzen, schreibt zur Mensch-Hund-Beziehung: „Spezies, die untereinander spiegeln können, bilden gleichsam ‚befreundete' Artenfamilien." (Bauer 2006, S. 172)
Bei Wölfen und Hunden (Cordoni 2008, Cools u. a. 2008) gibt es sogenanntes Versöhnungsverhalten. Wölfe oder Hunde legen sich neben den Verlierer eines Kampfes, lecken und beschnüffeln ihn und laden ihn zum Spiel ein. Trösten und Versöhnen werden von Biologen als höchste Formen der Empathie eingestuft. Dass ein Wolf oder Hund Trost spendet, setzt voraus, dass er sich in die emotionale Lage des Verlierers einfühlen kann und dass er dessen emotionalen oder physischen Schmerz mildern will. Beim Trösten spielt Geschlecht oder Rangordnung keine Rolle. Getröstet wird der Verlierer von dem, zu dem er die beste Bindung hat. Empathie und Trösten besänftigen den Verlierer, verringern seinen Stress und stellen die Gruppenharmonie wieder her.
Nach Panksepp (1998) sind alle jungen Säugetiere mit drei emotionalen „Werkzeugen" ausgerüstet, um die für das Überleben nötige soziale Kompetenz auszubilden. Zu diesen Werkzeugen gehören Spiel/Freude, Empathie/Fürsorge und Panik in Trennungssituationen. Besonders das Sozialspiel fördert Empathie, die Fähigkeit, sich in andere hineinzuversetzen und auf deren Verhalten angemessen zu reagieren. Auch das Forscherpaar Pellis (2009) fand heraus, dass gerade körperbetonte Sozialspiele, also Spielkämpfe, die Empathiefähigkeit von Ratten förderten.
Spielkämpfe sind nur möglich, wenn es einen Konsens zwischen den Spielpartnern gibt, wie fest und in welche Körperteile man beißen, wie rau man rempeln und wie lange man die Oberhand behalten kann, ohne dass der Spielpartner die Spiellaune verliert.

Spielkampf setzt einen Konsens voraus …

… wohin und wie fest man beißen darf.

„Wir wissen heute, dass diese Übertragung von Emotionen in so uralten Teilen des Gehirns angesiedelt ist, dass wir dieses Merkmal mit so unterschiedlichen Geschöpfen wie Ratten, Hunden, Elefanten und Affen teilen.“ (de Waal 2009, S. 246)

Aus Fairness wird Moral – Spiel als evolutionärer Nährboden für Moral

Sozialspiel, das gemeinsame Spiel von zwei oder mehr Individuen, kann nur funktionieren, wenn sich alle Beteiligten an die Spielregeln halten. Um das Spiel aufrechtzuerhalten, muss sich ein Welpe zurücknehmen und darf nur mit gebremster Kraft zubeißen, so lautet die Regel. Eine andere besagt, dass man den anderen gehen lässt, wenn er keine Lust mehr hat und dass man regelmäßig die Rollen wechselt. Sozialspiel bei Hunden umfasst viele solcher Regeln. Nur wer sie einhält, wird auch in Zukunft zum Spiel aufgefordert. Marc Bekoff (2001) vermutet, dass diese spielerische Fairness, die es auch bei anderen sozialen Säugetieren gibt, der evolutionäre Vorgänger der menschlichen Moral ist. Hunde lernen im Spiel, welche Regeln in ihrem Umfeld gelten, was richtig und was falsch ist und verhalten sich entsprechend dieser Regeln. Nach menschlichem Verständnis ist genau das moralisches Handeln, wenn auch in der hündischen Version, die ganz sicher andere Regeln umfasst als menschliche Moral, weil sie sich in einem anderen Umfeld mit anderen Anforderungen entwickelt hat.

Spiel als Modell für Kognitionsforscher

Die vorgestellten Beispiele zeigen, dass viele Verhaltensweisen, die unsere Hunde im Spiel zeigen, Fähigkeiten voraussetzen, die wir nur in unserer eigenen Spezies vermutet haben. Wissenschaftler nutzen Spiel deshalb, um mehr darüber zu erfahren, wie Hunde denken und fühlen. Was liegt für uns Hundehalter näher, als Spiel ebenfalls zu nutzen, um mehr über unser vierbeiniges Familienmitglied zu erfahren?

Kooperation und spielerischer Wettbewerb – beides gehört zum Spiel dieser Border-Collie-Welpen.

Hundespiel – ein bisschen „Ich“ und ganz viel „Wir“

Der Hund ein Spieltrieb-Täter?

Wenn wir Gerechtigkeit und Moral als soziale Regeln und Erwartungen definieren, die Unterschiede zwischen Individuen ausgleichen, um die Harmonie in der Gruppe zu gewährleisten, dann beobachten wir genau das, wenn Tiere miteinander spielen.

MARC BEKOFF

Hunde sind sozial lebende Beutegreifer und genau das kennzeichnet ihr Spiel. Sie spielen „allein und gemeinsam, jagen" (Objektspiele, Verfolgungsspiele) und „streiten, ohne sich zu verletzen" (Spielkämpfe, Zerrspiele). Weil das Spiel der Hunde aus modifiziertem Jagd-, und Sozialverhalten besteht, ist es für uns Hundehalter wichtig zu erkennen, was genau die beteiligten Spielpartner gerade tun, um zu wissen, ob und wann wir eingreifen müssen. Bloch, der neben seiner Arbeit als Hundetrainer seit Jahrzehnten Wölfe im natürlichen Umfeld beobachtet, schreibt: „Wenn Hunde, insbesondere Welpen interagieren, sollte der Sozialpartner Mensch in der Lage sein, den unterschiedlichen Ablauf von Sozialspielen, Kampfspielen, Kontakt-, Bewegungs- und Rennspielen erkennen zu können." (Bloch 2004, S. 23)

Im Spielkampf wird kein Ernstkampf trainiert oder um Rang/Ressourcen gestritten, sondern das Verhaltensrepertoire erweitert, um Kämpfe zu vermeiden.

Spielarten

Üblicherweise wird Spiel in Solitärspiel und Sozialspiel, also in Spiel ohne und mit Spielpartner unterteilt. Bewegungsspiele sind Solitärspiele mit dem eigenen Körper. Objektspiele beschäftigen sich mit unbelebten Gegenständen und können mit oder ohne Spielpartner gespielt werden. Das Sozialspiel kann

ein innerartliches Spiel (Hund-Hund) oder ein Spezies übergreifendes Spiel (Hund-Mensch, Hund-Katze) sein. Ein Beutefangspiel richtet sich an lebende oder tote Beute und kann als solitäres Objektspiel oder soziales Jagdspiel durchgeführt werden. Bei Hunden ist das Sozialspiel in Form des Spielkampfes die häufigste Spielform. Spiel besteht häufig aus Mischformen, wie z. B. beim objektbezogenen Sozialspiel, wenn mehrere Welpen Jagd auf ein Spielzeug machen oder im Zerrspiel darum kämpfen.
Möglicherweise haben sich die verschiedenen Spielformen während der Evolution der Säugetiere nacheinander entwickelt. Bewegungsspiel wird evolutionär als älteste Spielform angesehen. Siviy (1998) betrachtet Objektspiel als möglichen evolutionären Vorgänger des Sozialspiels. Beim Sozialspiel ist das limbische System beteiligt, das Reptilien fehlt, während beim Objektspiel die Basalganglien beteiligt sind. Die im Sozialspiel erforderliche ständige Einschätzung des Sozialpartners und die flexible Reaktion auf sein Verhalten überfordern ältere Gehirnstrukturen.

Den „Spieltrieb" gibt es nicht

Bei Hunden gibt es sehr wenig rein angeborene Verhaltensweisen. Fast das komplette Verhaltensrepertoire des Hundes besteht aus einer Verbindung von angeborenen Elementen und Lernerfahrung, weshalb Begriffe wie Triebe oder Instinkte in der modernen Literatur nicht mehr benutzt werden. Je genauer sich die Wissenschaft mit dem Spiel von Tieren beschäftigt, desto differenzierter wird Spiel betrachtet. Einen Spieltrieb etwa gibt es nicht. Hundespiel wird vielmehr von mehreren unabhängigen Handlungsbereitschaften gesteuert. Es gibt mindestens drei getrennte Spielsysteme, die in der Entwicklung des Jungtiers zu unterschiedlichen Zeiten auftreten: Objektspiele, Beutefangspiele und Sozialspiele.
Man weiß inzwischen auch, dass Hund-Hund-Spiel und Mensch-Hund-Spiel unterschiedlich motiviert sind und sich diese Spielformen deshalb nicht ersetzen, sondern nur ergänzen können.
Die Motivation für ein bestimmtes Verhalten im Spiel ist eine andere, als für das gleiche Verhalten außerhalb der Spielsituation. Beispielsweise ist das Aufreiten im Spiel meist nicht sexuell motiviert und beim Spielkampf geht es nicht um das Besiegen eines Konkurrenten. Den verschiedenen Spielformen liegen unterschiedliche Motivationen zugrunde (Pellis 2004). Während ein vergrößerter Mandelkern und Hypothalamus mit mehr Sozialspiel verknüpft ist, führt er nicht zu mehr Objektspiel oder Bewegungsspiel (Pellis 2009).
Burghardt betrachtet Spiel als Verhaltenskategorie, in der Verhaltensweisen zusammengefasst sind, deren Merkmale nur oberflächlich betrachtet ähnlich sind, die sich aber in Ursprung, Kausalität, Funktion und Ontogenese (Individualentwicklung) unterscheiden (Burghardt 1998). Das Forscherpaar Pellis vermutet sogar, dass Spiel bei jeder Tierart eine andere Funktion haben könnte (Pellis 2009).

Solitärspiel – wer bin ich?

Solitärspiel ist das Spiel ohne Spielpartner, das auch nicht als Aufforderung an einen zukünftigen Spielpartner gerichtet ist. Zu den Solitärspielen gehören die Bewegungsspiele mit dem eigenen Körper und die Objektspiele ohne Partner. Das Solitärspiel des Welpen ist von erheblicher Bedeutung. Es ermöglicht ihm das Erkunden seines eigenen Körpers, seiner eigenen Fähigkeiten und der ihn umgebenden Umwelt. Diese Erfahrungen sind wichtig für seine Entwicklung. Er lernt beim Bewegungsspiel immer differenziertere Kontrolle über seinen Körper. Er spürt, was er besonders gut kann und woran er noch „arbeiten muss".

Im Objektspiel macht ein Hund die Erfahrung, dass er seine Umwelt und die Dinge darin beeinflussen kann. Er erfährt, dass er etwas bewirkt. Das Gefühl, der Umwelt nicht hilflos ausgeliefert zu sein, sondern Kontrolle ausüben zu können, ist ein gutes Gefühl, das den Welpen selbstsicher macht, Stress verhindert und die Lust auf weiteres Spielen und Lernen fördert.

Mein Hund mag Wasser nicht besonders. An heißen Tagen habe ich Apportierspiele am Rand unseres Gartenteichs begonnen und wir haben uns langsam immer tiefer vorgewagt. Jetzt kann ich beobachten, wie er im Solitärspiel selbst Spielzeug hineinfallen lässt und versucht, es herauszuholen. Dabei überwindet er Schritt für Schritt seine Scheu vor dem Wasser und ich kann deutlich sehen, wie stolz er ist, wenn er wieder ein Stückchen über sich hinausgewachsen ist.

Im Solitärspiel erkunden Welpen ihre Umwelt und lernen, dass sie Objekte beeinflussen können.

Solitärspiel – Solitärleben?

Es liegt nahe, einen Zusammenhang zwischen dem Grad der Geselligkeit eines sozial lebenden Tieres und der Häufigkeit von Sozialspielen bei dieser Tierart zu vermuten. Eine vergleichende Studie von Wölfen, Hunden (Beagle) und Kojoten (Bekoff 1974) ergab für die Hundewelpen mehr als viermal so viel Solitärspiel wie für Wölfe. Das Solitärspiel der Kojoten lag zwischen diesen Werten. Dieses Ergebnis stellt den Zusammen-

Das genüssliche Räkeln und Wälzen gehört zum Bewegungsspiel vieler Hunde.

hang zwischen Geselligkeit und Spielform infrage, da Kojoten als weniger soziale Caniden gelten und Bekoff die Beagle als die sozialste Gruppe einstufte. Eine vergleichende Untersuchung von Biben (1983) ging der Frage nach: Worin unterscheidet sich das Spielverhalten von Caniden mit ungleich ausgeprägter Geselligkeit? Drei sehr unterschiedlich gesellige Caniden sind der solitär lebende und jagende Mähnenwolf, der etwas geselligere Krabbenfuchs, der im Familienrudel lebt, aber einzeln jagt, und der hochsoziale Waldhund, der in Rudeln von 12 bis zu 100 Tieren zusammenlebt und kooperativ jagt (Gansloßer 2006). Überraschenderweise stellte sich heraus, dass gerade bei den Waldhunden Objektspiel die herausragende Spielform war, und sie im Vergleich mit den anderen untersuchten Caniden nur relativ einfache und wenig differenzierte Spielformen zeigten.

Bewegungsspiele

Gansloßer definiert Bewegungsspiel als „offenkundig spontane Bewegungen, die das Individuum durch seine Umwelt tragen“ (Gansloßer 2007, S. 228). Die Energieüberschuss-Hypothese geht davon aus, dass die Funktion von Spiel bei Tieren der Abbau überschüssiger Energie ist, die mit den „für Wachstum und Entwicklung nötigen Aminosäuren bzw. Proteinen ‚unnötig‘ mit aufgenommen wurde“ (Gansloßer 1998, S. 176). Für diese Hypothese ist das Bewegungsspiel sicher ein guter Kandidat. Bewegungsspiel ist bei Beutetieren verbreiteter als bei Beutegreifern.

Wie sieht Bewegungsspiel aus?

Im Bewegungsspiel springt der Hund z. B. in die Luft, hüpft auf und ab, dreht sich im Stehen oder Liegen um die eigene Achse und jagt spielerisch seinen eigenen Schwanz. Er strampelt auf dem Rücken liegend mit allen vier Beinen oder wälzt und windet sich auf dem Rücken, sodass Vorder- und Hinterkörper sich fast berühren. Bei meinen Dackelwelpen mit ihrem lang gezogenen Rumpf und den langen Hängeohren habe ich auch Spiele mit den eigenen Ohren und schwungvolles wiederholtes Rollen um die Horizontalachse beobachtet. Viele Hunde zeigen regelmäßig den Rennflash, das schnelle enthusiastische Rennen ohne erkennbares Ziel.

Bewegungsspiele aus Bewegungslust?

Aktivitäten, die wichtig für das Überleben (Fressen) oder die Fortpflanzung (Sex) sind, machen Spaß und sind damit selbstbelohnend. Für Hunde oder ihre Vorfahren, die Wölfe, ist die schnelle Fortbewegung bei der Jagd überlebenswichtig, weswegen Hunde häufig auch als Bewegungstiere bezeichnet werden. Die meisten Hundebesitzer kennen Bewegungsspiele in Form der „verrückten fünf Minuten", bei denen ihr Hund in schnellem Tempo meist in Kreisform läuft. Welche Funktion könnte ein solches Verhalten haben? Ähnlich „verrückte" Bewegungsspiele werden auch bei anderen Tierarten wie Raben, Elchen, Wölfen und Delfinen beobachtet. Ich sehe dieses Verhalten bei meinen Hunden häufig in Situationen, in denen sie sich besonders wohl fühlen, und würde dieses Spielverhalten mit den Freudensprüngen oder dem Tanzen von Menschen vergleichen. Ein Verhalten, das aus Bewegungslust (der Umsetzung der momentanen Befindlichkeit in Bewegung oder der Freude an der Bewegung selbst) entsteht und sich damit von der ursprünglichen biologischen Funktion gelöst hat. Wenn ich eine richtig gute Nachricht erhalte und einen kleinen Freudensprung mache, kann der Dopaminschub der unmittelbare Auslöser für mein Verhalten sein, eine Funktion hat es dennoch nicht. Wir sollten nicht so arrogant sein, diese Möglichkeit für Tiere auszuschließen. Vielleicht gibt es bei Tieren ebenfalls Verhaltensweisen, die keine unmittelbare Funktion mehr haben:

„Das System der Gefühle kann – auch bei Tieren – eine Eigendynamik und Selbstständigkeit entwickeln, die sich nicht mehr an biologischer Zweckmäßigkeit orientiert. Und diese ‚Emanzipation der Gefühle', wie wir sie bei uns als selbstverständlich voraussetzen, gestaltet das Verhalten der Tiere vielleicht mehr, als wir ahnen." (Arzt & Birmelin 1993 S. 172)

Mit dem „Rennflash" zeigt Dorle, dass sie sich gerade richtig gut fühlt. Aus diesem Solitärspiel entwickelt sich manchmal ein Verfolgungsspiel.

Objektspiele

Umgangssprachlich ausgedrückt, ist Objektspiel das Spiel mit Spielzeug. „Objektspiele sind Spiele mit unbelebten, beweglichen Gegenständen, die geruchlich, taktil und geschmacklich untersucht werden." (Feddersen-Petersen 2008, S. 223) Neue Gegenstände, besonders solche, die sich bewegen oder Geräusche machen, haben ein starkes Potenzial, Spiel auszulösen. Spielobjekte können natürliche Gegenstände wie Stöcke, Blätter, Tannenzapfen, Steine aber auch Futterreste oder vom Menschen zur Verfügung gestelltes Spielzeug sein. Hunde lieben Objekte, die sich zum Zerren, Rollen oder Zerreißen eignen, wie Bälle, Taue oder Stofffetzen. Besonders Welpen spielen manchmal auch mit den Körperteilen, z. B. dem Schwanz anderer Hunde, als ob es sich nicht um einen Spielpartner, sondern um ein Spielobjekt oder ein Beutetier handelt.

Wie sieht solitäres Objektspiel aus?

Spielt mein Hund Pachito mit seiner kleinen Gummikuh, legt er sie auf dem Boden ab, rollt und wälzt sich auf dem Rücken vor ihr herum, schlägt in Seitenlage mit ausgestreckten Vorderbeinen nach ihr, verbeugt sich vor ihr und knurrt oder bellt sie an. Er nimmt sie in die Schnauze, kaut sehr vorsichtig auf ihr herum, um sie dann sofort wieder fallen zu lassen. Er „versteckt" sie in seiner Decke, um sie kurze Zeit später erfreut „wiederzufinden". Er legt sie auf seine Decke und zieht dann mit der Schnauze ruckartig an ihr, damit die kleine Kuh ein Stück durch die Luft fliegt und er sie fangen kann.
Im Objektspiel fixiert der Hund das Spielobjekt. Er stößt oder schlägt es mit den Pfoten. Häufig knabbert er an Spielobjekten. Spielgegenstände, die als Beuteersatz dienen, werden vom Hund beschnüffelt, beleckt, zerrissen und

Das Objektspiel des sieben Wochen alten Groenendaelwelpen ist keine Aufforderung an die Geschwister.

zerkaut. Liegt der Hund, wird dabei der Hinterkörper zur Seite gestreckt. Steht er, hält er mit den Vorderbeinen den Gegenstand fest, zerrt, reißt Teile ab und schüttelt die Spielbeute. Liegt der Hund auf dem Rücken, streckt er die Beine in die Luft und der Spielgegenstand wird mit den Vorderbeinen festgehalten und zerrissen. Nach dem Zerreißen wälzt er sich manchmal in den Einzelteilen. Jeder Hundehalter kennt das Öffnen von Plüschtieren, indem ein kleines Loch hineingebissen wird, aus dem der Inhalt gezielt herausgerissen wird. Beim Wegschleudern wirft der Hund Spielgegenstände hoch und fängt sie im Laufen wieder auf. Scott und Fuller (1965) beobachteten dieses Hochschleudern bei ihren Hunden, die dies außerhalb des Spielkontextes, auch mit kleinen Beutetieren durchführten.
Auch der Mäuselsprung und das Totschütteln kleiner Beutetiere findet im Spiel seine Entsprechung. Im realen Beutefangverhalten springt der Hund steil mit parallelen Vorderbeinen vorwärts, landet auf den eng gestellten Vorderpfoten, packt die Beute im Genick und tötet sie durch Genickbiss und Kopfschütteln. Im Spiel führt er dieses Verhalten mit „Ersatzbeute" durch. Hunde schleudern und schütteln besonders gern weiche, bewegliche Gegenstände wie Stofffetzen, Plüschtiere oder Spieltaue.

Mögliche Funktionen des solitären Objektspiels

Objektspiel enthält Jagdverhaltenselemente und ist bei Beutegreifern verbreiteter als bei Beutetieren.
Die Art der Spielbewegungen und die Behandlung der Spielgegenstände im Objektspiel deuten darauf hin, dass der Hund die Spielobjekte wie imaginäre Beute behandelt. Es sieht aus, als ob im Rahmen eines Beutefangspiels das solitäre Jagen gespielt wird. Nach Fox (1975 S. 112) spielen alle jungen Caniden unterschiedlich lang mit lebenden oder toten kleinen Beutetieren, bevor sie diese fressen. Fox zeigt das Beispiel eines Pointers, der eine Spielverbeugung gegenüber einer lebenden Maus macht. Er beobachtete im Spiel Stoßen mit den Vorderpfoten, Beiß-Intention, Umkreisen und Anspringen sowohl bei echter als auch bei Spielbeute.
Nach den Beobachtungen von Gupta gibt es zwischen dem Objektspiel und dem Beutefangverhalten von Hunden in der Form und in der Motivation keinen Unterschied (Gupta 1988 nach Hall 1998). Objektspiel wird vorwiegend von Gegenständen ausgelöst, die in Größe, Oberfläche, Geruch und Bewegung echter Beute ähnlich sind. Je ähnlicher das Spielzeug echter Beute ist, desto mehr Spielpotenzial besitzt es (Hall 1998). Wenn Objektspiel und Solitärjagd in Struktur und Motivation übereinstimmen, könnte man Objektspiel tatsächlich als „Nachspielen" der Solitärjagd betrachten. Diesen offensichtlichen Zusammenhang stellen andere Untersuchungen infrage. Katzenwelpen, die keine Spielmöglichkeit hatten, waren als erwachsene Katzen keine schlechteren Jäger, als ihre spielerfahrenen Artgenossen (Caro 1980). Ähnliches gilt nach Bekoffs Studien auch für Hunde (Vincent & Bekoff 1978).

Sozialspiele – wer bist du?

Während im Solitärspiel die Erkundung des eigenen Körpers und der Umwelt im Vordergrund steht, kommuniziert der Hund im Sozialspiel mit Artgenossen oder dem Pseudoartgenossen Mensch. Er lernt im Sozialspiel, dass andere sein Verhalten beeinflussen und auch er andere Individuen mit seinem Verhalten beeinflussen kann. Im Spiel mit Artgenossen lernt der Welpe die Bedeutung und den angemessenen Einsatz der hundlichen Kommunikation. Er lernt die Spielregeln seiner sozialen Gruppe, also das „richtige" und „falsche" Verhalten im Umgang mit anderen Hunden und Menschen. Er lernt, dass Artgenossen und Menschen unterschiedlich aussehen, sich unterschiedlich ausdrücken und unterschiedlich behandelt werden wollen. Außerdem lernt er, was passiert, wenn er falsch verstanden wird oder sich falsch verhält und wie er ein solches „hundliches" Kommunikationsproblem beheben kann.

Wenn Hunde im Spiel kommunizieren, besteht immer auch die Möglichkeit, dass sie sich falsch verstehen. Es kommt auch vor, dass sie aus Übererregung, Angst, Wut oder Ärger die Spiellaune verlieren und nicht mehr spielerisch reagieren. Grund genug, sich diese Spielform besonders gründlich anzusehen. Zu den Sozialspielen bei Hunden gehören die Verfolgungsspiele, Maulrangeln, Zerrspiele und andere Spielkämpfe. Außer bei ganz jungen Welpen, die sich auf Beißspiele beschränken müssen, wechseln sich in typischen Spielsequenzen Verfolgungsspiele und Spielkämpfe mit Körperkontakt ab.

Verfolgungsspiele

Zu den Jagd-, Renn-, Flucht- oder Verfolgungsspielen gehören alle Hundespiele, bei denen ein Hund oder mehrere Hunde spielerisch einen Artgenossen verfolgen.

Einige dieser Spiele könnte man eher als Teil eines Spielkampfes interpretieren. In diesem Fall spielen die Hunde z. B. die Rollen „Eindringling ins Territorium" und „Verteidiger des Territoriums". Spielt der verfolgte Hund dagegen ein Beutetier und der Verfolger den Jäger, handelt es sich um eine Spieljagd, also ein Beutefangspiel.

Wie sehen Verfolgungsspiele aus?

In den meisten Verfolgungsspielen wird spielerisch das Verfolgen eines Beutetiers nachgeahmt. Dem Jagdspiel fehlt jedoch das Such- und Orientierungsverhalten, das den Anfang der Echtjagd ausmacht und deren Zielgerichtetheit. Verfolgungsspiele sind außerdem dadurch gekennzeichnet, dass sowohl der Verfolgte als auch der Verfolger in einer verminderten Geschwindigkeit rennt, die sich von der Geschwindigkeit einer echten Flucht oder eines Angriffs deutlich unterscheidet. Während bei Beutetieren der Part des Verfolgten die Hauptrolle spielt, steht bei Hunden als Beutegreifer die Rolle des Verfolgers im Mittelpunkt. Die meisten Hunde (nicht alle) spielen lieber den Jäger, als die Rolle der Beute.
Auslöser für Verfolgungsspiele ist die Bewegung eines Spielpartners. Verfolgungsspiele werden durch ein betontes Zurückweichen, Wegrennen, Wegspringen, Hüpfen oder „Hopsen" eines Hundes ausgelöst, wobei dieser häufig einladend über die Schultern zurückschaut, ob er auch verfolgt wird.
Während der Verfolgungsjagd verringert der Verfolgte seine Geschwindigkeit, stoppt vielleicht sogar, wenn der Verfolger zu weit zurückbleibt. Haben die Hunde eine relativ große Spielfläche zur Verfügung, kehrt der Flüchtende oft im Kreis zum Ausgangspunkt zurück. Natürliche Hindernisse wie Bäume, Sträucher, auch Menschen oder künstliche Hindernisse wie Pfosten, Bänke usw. werden als Wendemarken oder kurzfristige Verstecke benutzt. Rennspiele sind außerdem durch kurze Pausen gekennzeichnet, in denen häufig der Rollenwechsel stattfindet.

Verfolgungsspiel mit Spielbeute

In objektbezogenen Sozialspielen wird so getan, als ob man um die Spielbeute (ein Spielzeug, Ast, Tannenzapfen) konkurriert. Der Hund legt die Spielbeute zwischen seinen Vorderpfoten ab, trägt sie in spielerischer Imponierhaltung am Spielpartner vorbei oder rennt demonstrativ mit ihr weg. Wird der Besitzer der Spielbeute verfolgt, sichert er diese durch Weglaufen oder, wenn er bereits gestellt ist, durch Wegdrehen des Kopfes oder des ganzen Körpers, indem er dem Partner spielerisch das Hinterteil

1—*Kurze Pause im Verfolgungsspiel, in denen der Rollentausch stattfindet. Die Hunde verständigen sich durch Blickkontakt: wer spielt Beute, wer Jäger?*
2—*Körperspannung und Spielverbeugung zeigen die Bereitschaft der Spielpartner, sofort loszusprinten, um weiterzuspielen.*

zudreht. Aus dieser Verteidigung der Beute kann sich ein Spielkampf oder ein Zerrspiel entwickeln. Häufig spielt jedoch die imaginäre Beute nur den Auslöser, im Rahmen des Spiels verliert sie an Bedeutung und bleibt unbeachtet liegen, während die Hunde mit ihrem Spielkampf beschäftigt sind. Ein Hinweis darauf, dass im Spiel nicht wirklich um eine Ressource gestritten wird, wie manchmal behauptet wird.

1—*Pachito (pfötelnd) benutzt Spielzeug hier, um ein Verfolgungsspiel mit Dorle zu initiieren.*
2—*Die beiden Irish-Terrier-Welpen Baker und Burns balgen spielerisch um das Spielzeug.*

Rollenwechsel im Verfolgungsspiel

Der Rollenwechsel findet im Verfolgungsspiel häufig nach einer kurzen Pause statt. Wer welche Rolle einnimmt, scheint der Hund zu entscheiden, der sich als Erster bewegt: Macht er eine Bewegung in Richtung Spielpartner, übernimmt er die Rolle des Verfolgers, macht er eine Bewegung weg vom Spielpartner, übernimmt er die Rolle des Flüchtenden. Manchmal gibt es auch einen „fliegenden" Rollenwechsel während des Jagdspiels. Dann ändert der Verfolgte plötzlich seine Richtung, rennt auf den Verfolger zu, der dann ebenfalls umdreht und sich verfolgen lässt. Manchmal überholt der Verfolger die Spielbeute und lässt sich danach selbst jagen. Holt der Verfolger die Beute tatsächlich ein, und es kommt zu einem körperlichen Kontakt, geht das Spiel häufig in einen Spielkampf über (Aldis 1975).

Rennspiele Mensch-Hund

Viele Hunde lieben Rennspiele und spielen begeistert mit ihrem Menschen „Nachlaufen“. Diese Spezies übergreifenden Spiele sind ein wunderbares Beispiel für das freiwillige Selbsthandicap-Verhalten unserer Hunde. Natürlich ist jeder gesunde Hund schneller als ein Mensch und das weiß er auch. Deshalb drosselt der Hund in der Rolle des „Beutetiers“ seine Geschwindigkeit und nähert sich bewusst so an, dass der viel langsamere Mensch eine reelle Chance hat, ihn zu „fangen“. In der Rolle des Beutetiers kann der Mensch seine fehlende Geschwindigkeit durch schnelle Richtungswechsel ausgleichen. Empfehlungen von Hundetrainern, auf diese Spielform oder zumindest auf den Rollenwechsel zum Jäger zu verzichten, „damit der Hund nicht merkt, dass wir Menschen langsamer sind“, lassen Zweifel aufkommen, ob sie diese Mensch-Hund-Spielform schon einmal beobachtet oder selbst gespielt haben.

Wichtige Regeln für das Spielen von Kind und Hund

Da manche Hunde durch die schnelle Bewegung im Rennspiel in eine hohe Erregung geraten, kann diese Spielform für Kinder problematisch sein. Kinder und Hunde sollten grundsätzlich nie allein spielen und verantwortungsvolle Eltern werden jedes Kind-Hund-Spiel aufmerksam beobachten.

Rudeljagdspiele

Hunde spielen auch Verfolgungsspiele, bei denen mehrere Hunde einen Hund – die Spielbeute – verfolgen. Die Rolle der Beute übernimmt im Welpenspiel häufig die Mutter, der Vater oder ein anderer erwachsener Hund. Trumler hatte den Eindruck, dass die erwachsenen Hunde diese Rudeljagdspiele nutzen, um die Welpen die Regeln der Rudeljagd zu lehren (Trumler 1974, 1985).

Bully will die Spielbeute – ein Fußballfragment – tatsächlich vom Spielpartner zurückerobern, um sein Spiel mit Oskar fortsetzen zu können.

Wie sehen Rudeljagdspiele aus?

Beim Rudeljagdspiel wird der flüchtende Hund (die Beute) von mehr als einem Hund verfolgt und dabei immer wieder in die Mitte gedrängt. Dem Fliehenden wird der Weg abgeschnitten. Er wird verfolgt, eingekreist, gestellt und gehemmt in die Kehle, über den Rücken oder in die Hinterbeine gebissen. Die Spielbeute wird überholt, die Verfolger hetzen sie, treiben sie sich gegenseitig zu und schneiden ihr den Weg ab.
All diese Verhaltensweisen sind auch Bestandteil der Echtjagd. Die Ziele der Bisse stimmen mit den Zielen bei der Echtjagd überein (Bloch 2004) und es liegt nahe, diese Spielform tatsächlich als Training für die kooperative Jagd zu betrachten.

Mögliche Funktionen von Rudeljagdspielen

Die Rudeljagd auf große, wehrfähige Beutetiere ist gefährlich. Im Jagdspiel können verschiedene Jagdtaktiken ausprobiert und verfeinert werden, ohne dass ernste Konsequenzen in Form von Beuteverlust, Verletzungen oder gar Tod drohen. Im Spiel kann der Umgang mit der möglichen Abwehr der Beute trainiert werden. Es gibt auch Vermutungen, dass Hundeartige durch den Umgang mit der Spielbeute im Spiel die Angst vor der wehrfähigen Beute verlieren (Fox 1975, Feddersen-Petersen 2008). Eine andere Funktion könnte das Kennenlernen der Reaktionen der Spielpartner als potenzielle Jagd- und Kooperationspartner sein. Gruppenjagdspiele verbessern in diesem Fall die Koordination zwischen den Rudelmitgliedern.

Entspannter Spielkampf wechselt sich bei Shari und Jones mit Verfolgungsspielen ab.

Spielkämpfe – Kontaktspiele

Spielkämpfe werden mit viel Körperkontakt durchgeführt. Für Feddersen-Petersen (2008, S. 226) sind Kampfspiele „ritualisierte Balgereien" und Beißspiele „ritualisierte Auseinandersetzungen im Nahfeld". Spielkämpfe setzen sich nach Fagen (1981) aus „Verhaltensweisen aus dem agonistischen Kontext, eingesetzt in einem nicht agonistischen Kontext zusammen". Agonistische Handlungen umfassen alle Verhaltensweisen, die im Zusammenhang mit Konflikten gezeigt werden, also sowohl Angriffs- als auch Verteidigungs- und Fluchtverhalten.

Spielkampf versus Ernstkampf

Die Verhaltenssegmente in Spielkämpfen haben ihre Entsprechung außerhalb des Spiels im Kampf (1) mit wehrfähiger Beute, (2) mit Sexualkonkurrenten z. B. in der Ranzzeit, (3) zur Verteidigung von Nachwuchs, Sexualpartner/in, Rudelangehörigen und des Territoriums bzw. der erlegten Beute gegenüber Rudel-

1

2

fremden, (4) zur Verteidigung von Ressourcen wie z. B. Futterstücken gegenüber anderen Rudelangehörigen. Spielkämpfen fehlt das Imponier- und Drohverhalten, das einem Ernstkampf vorausgeht, ebenso wie die Zielgerichtetheit und die Angst- und Wutaffekte des Ernstkampfes. Dem Spiel liegen andere Motivationen zugrunde als dem Aggressionsverhalten: „Ziel des spielerischen Kampfes ist nicht der Sieg, sondern die Handlung selbst." (Feddersen-Petersen 2008, S. 300) Der Ernstkampf ist durch gleichzeitiges Attackieren und (möglichst effektives) Verteidigen, der Spielkampf jedoch durch aufeinanderfolgendes Attackieren und (möglichst ineffektives) Verteidigen gekennzeichnet. „Dynamik, Offenheit für Anreize jeder Art, Wiederholungen, Abwandlungen von Spielhandlungen, Bewegungsluxus und ‚Signalübertreibung' sind u. a. spieltypisch." (Feddersen-Petersen 2008, S. 211, S. 301) Spielkämpfe unterscheiden sich auch durch regelmäßigen Rollenwechsel und Selbsthandicapverhalten. Es ist deshalb falsch, Spielkampf als gemäßigte Form oder Training des Ernstkampfes zu betrachten.

Wie sieht Spielkampf aus?

Spielkämpfe werden häufig mit spielerischem Anspringen oder Spielbeißen eröffnet und im Liegen, auch in Rücken- oder Seitenlage, auf allen vier Beinen stehend oder als Hochkampf, auf den Hinterbeinen stehend, ausgeführt. In welcher dieser Formen gespielt wird, hängt von der Kondition der Spieler, von der Dauer der Spielsequenz und dem Erregungsgrad der spielenden Hunde ab. Spielkämpfe im Liegen (besonders in Rücken- oder Seitenlage) sind entspannter, während ein länger dauernder Hochkampf auf einen höheren Erregungsgrad hinweist.

Tauziehen – Zerrspiele

In Zerrspielen stemmen Hunde die Beine mit ganzer Kraft in den Boden und reißen, begleitet von Spielknurren, ruckartig am Stofffetzen, Tau oder anderer Spielbeute. Abgerissene Teile werden fallen gelassen, um dem Spielpartner den Rest wegzunehmen. Objektspiele könnte man als Nachspielen der Jagd auf kleine Beutetiere, Zerrspiele als Spielkampf um Teile der erlegten größeren Beutetiere interpretieren.

1—*Ist der Eindruck, dass Jones lacht, Vermenschlichung oder Resultat einer ähnlichen Biologie von Mensch und Hund?*

2—*Das übertriebene Maulaufreißen ist fester Bestandteil der rauen Spielkämpfe dieser Terrierwelpen. Dabei drückt Billie Blu Burns mit Pfoten und Oberkörper auf den Boden.*

3—*Buster stemmt die Vorderpfoten in den Boden, um Billie im Zerrspiel die Spielbeute abzunehmen.*

4—*Stofffetzen und Pantoffeln sind „Spielbeute", um die im Zerrspiel spielerisch gestritten wird. Links zieht Buster, rechts Baker ruckartig an der Beute.*

Mögliche Funktionen von Spielkämpfen

Mögliche Funktionen von Spielkämpfen sind die Einschätzung und Verbesserung der eigenen Fähigkeiten, die Reduzierung der Angst vor Attacken, der Austausch von Informationen über die Kondition und Strategie des Spielpartners und die Erhaltung und Förderung des sozialen Zusammenhaltes. Durch Kampf- und Beißspiele werden weder ressourcenbezogene Konflikte geregelt, noch haben sie Auswirkung auf die Rangordnung (Feddersen-Petersen 2008).

Mimikspiele bei Wölfen, Bellspiele bei Hunden

Mimikspiele, die Wölfe ausgiebig zeigen, werden bei Hunden nicht beobachtet. Hunde zeigen dafür mehr Spielbellen. Einige Rassen wie Pudel, Samojede, Beagle, Weimaraner und Kleiner Münsterländer zeigen Bellspiele oder rassetypische Spielsignale wie das Trampeln, das beim Pudel, American Staffordshire Terrier, Beagle, Bullterrier und Siberian Husky beobachtet wurde (Zimen 1971, Feddersen-Petersen 2008).

Die jungen Wilden – Welpenspiel

In welchem Alter Welpen anfangen zu spielen, hängt u. a. von der Rasse und den Umweltbedingungen ab. Kälte, schlechter Ernährungszustand, Krankheit oder andere Stressfaktoren verzögern das Auftreten des Spiels bei Welpen erheblich.

Entwicklungsphasen

Auf Basis der Studien von Scott und Fuller (1965) wurde früher die Welpenentwicklung in „Neonatale Phase" vom 1. bis 13. Tag, die „Übergangsphase" vom 14. bis 21. Tag und die darauf folgende „Präge-", „Sozialisierungs-", „Wurfrangordnungs-" und „Rudelrangordnungsphase" eingeteilt. Diese starre zeitliche Einteilung berücksichtigt jedoch den sehr unterschiedlichen Entwicklungsverlauf bei den verschiedenen Hunderassen nicht. So sind beispielsweise beim Husky in der 2. Lebenswoche bereits 55 %, beim Labrador Retriever jedoch erst 28 % des Verhaltensinventars vorhanden (Günther 2009). Die folgende „modernere" Einteilung von Althaus (1973) und Feddersen-Petersen (2001, 2004) berücksichtigt auch die rasseabhängig unterschiedlichen Zeiträume der Entwicklung.

Phase der inneren Zuwendung

In der ersten Entwicklungsphase des Hundewelpen, der „Phase der inneren Zuwendung", in der komfort- und stoffwechselbedingte Verhaltensweisen überwiegen, treten noch keine Spiele auf. In dieser Zeit sind Ohren und Augen noch verschlossen und auch der Geruchssinn ist noch nicht voll entwickelt. Ein Welpe ist damit beschäftigt die mütterliche Zitze zu finden, zu saugen, zu verdauen und – in Körperkontakt mit seinen Wurfgeschwistern und in der Nähe

In der ersten Lebensphase sind Welpen ganz von der Mutter abhängig.

Entwicklungsphasen bei verschiedenen Rassen				
	Phase der inneren Zuwendung	**Übergangsphase**	**Phase der Zuwendung zur Außenwelt**	**Quelle**
Siberian Husky	1. – 7. Tag	8. – 16. Tag	Ab 17. Tag	Althaus
Border Collie	1. – 7. Tag	8. – 19. Tag	20. Tag – 20. Woche	Heine
Samojede	1. – 9. Tag	10. – 22. Tag	Ab 23. Tag	Günther
Golden Retriever	1. – 15. Tag	15. – 28. Tag	28. Tag – 9. Woche	Feddersen-Petersen
Labrador Retriever	1. – 19. Tag	19. – 35. Tag	35. Tag – 9. Woche	Feddersen-Petersen

der Schutz bietenden Mutter – zu schlafen. Die Phase der inneren Zuwendung endet mit dem Aufhören des Suchpendelns und dem Beginn des Gehens bzw. Sitzens und dauert z. B. beim Siberian Husky bis zum 7. Lebenstag (Althaus 1982), beim Labrador Retriever dagegen bis zum 19. Lebenstag (Feddersen-Petersen 2001, 2004).

Übergangsphase

In der Übergangsphase beginnen sich die Welpen – mehr oder weniger zielgerichtet – mit den Wurfgeschwistern und der Mutter zu beschäftigen. Die Welpen können am Ende dieser Phase sitzen und stehen, gehen, traben, galoppieren, hüpfen und springen. Harn- und Kotabsatz erfolgt selbstständig. Die Übergangsphase dauert z. B. beim Siberian Husky vom 8. bis 16. Lebenstag (Althaus 1982), beim Labrador Retriever dagegen vom 19. bis 35. Tag (Feddersen-Petersen 2001, 2004).

Phase der Zuwendung zur Außenwelt

Diese Phase ist von einer intensiven Auseinandersetzung mit der belebten und unbelebten Umwelt gekennzeichnet. Viele neue soziale Verhaltensweisen und Verhaltensweisen gegenüber der unbelebten Umwelt treten im Sozial- und Objektspiel auf. Die Phase der Zuwendung zur Außenwelt beginnt beim Siberian Husky bereits am 17. Tag (Althaus 1982), beim Labrador Retriever dagegen erst am 35. Tag (Feddersen-Petersen 2001, 2004).

Welpenentwicklung und Rasse

Die Entwicklungsphasen verlaufen bei den Hunderassen sehr unterschiedlich und können nicht als fester Zeitraum angegeben werden, der einheitlich für alle Hunde gilt. Von der allgemeinen Entwicklung abhängig, sind auch Auftreten, Entwicklung und Ausführung der Spielbewegungen rasseabhängig. So zeigen z. B. Husky und Bullterrier im Verhältnis zum Labrador Retriever oder Deutschen Schäferhund manche Verhaltensweisen sehr viel früher (Althaus 1982, Feddersen-Petersen 2001/2004). Die oben abgebildete Tabelle zeigt die zeitliche Einordnung der Phasen für einige Beispielrassen.

1

Beißen, Raufen, Jagen – Spielentwicklung bei Welpen

Die Spielentwicklung bei Welpen ist stark von der Entwicklung ihrer lokomotorischen Fähigkeiten abhängig, diese hängen wiederum von der Reifung des zentralen Nervensystems und von der Entwicklung des Bewegungsapparates und der Muskeln ab. Deshalb beeinflusst das Auftreten allgemeiner Verhaltensweisen, besonders die bereits beherrschten Fortbewegungsarten, was

2

gespielt wird. Junge Welpen spielen zunächst Beißspiele im Liegen und Sitzen, erst später im Stehen. Rennspiele sind dann erst zu einem noch späteren Zeitpunkt der Ontogenese möglich.

Beißspiele

Als erste Spielform tritt das Sozialspiel in Form von Beißspielen auf. Die Welpen versuchen, sich gegenseitig mit weit geöffneter Schnauze zu beißen, woraus sich ein Maulrangeln entwickelt. Dabei fassen sich die Welpen mit den Kiefern, verhaken diese ineinander und rangeln. Dieses noch in Zeitlupe ausgeführte spielerische Maulaufreißen geht häufig in Gähnen über. Erste Beißspiele werden z. B. beim Husky (Althaus 1982) bereits am 11. Tag, beim Labrador Retriever (Feddersen-Petersen 2001) erst am 29. Tag beobachtet. Spielerisches Beißschütteln von Gegenständen oder Spielpartnern wurde beim Husky und Border Collie bereits am 15. Tag (Althaus 1982, Heine 2000), beim Labrador Retriever erst am 33. Tag (Feddersen-Petersen 2001) beobachtet. Charakteristisch für diese frühen Spiele ist, dass sie plötzlich beginnen, sehr kurz sind und sehr langsam und wenig zielgerichtet ausgeführt werden (Althaus 1982).

3

4

1—Ginger und Magic im engen Körperkontakt. Daraus entsteht bei ganz jungen Welpen als erste Spielform ein Beißspiel.
2—Das weit geöffnete Maul, die zeitlupenartigen Bewegungen und die kurze Dauer sind typisch für die ersten Spiele.
3—Ginger schmiegt sich in Magics geöffnetes Maul.
4—Das Maulaufreißen geht häufig in Gähnen über.

Kampfspiele

Die Beißspiele werden in der weiteren Entwicklung zu Spielkämpfen ausgebaut, in denen der ganze Körper eingesetzt wird. Den Wurfgeschwistern wird die Pfote auf den Rücken gelegt, sie werden geschubst und erste Aufreitversuche finden statt. Dabei gerät ein Welpe anfangs häufig aus dem Gleichgewicht und fällt um. Kampfspiele werden beim Husky (Althaus 1982) bereits ab dem 13. Tag, bei den meisten Rassen in der 3. Woche (Boxer, Samojede, Bullterrier, Border Collie, Golden Retriever), bei

Wenn die Welpen älter und beweglicher werden, bauen sie die Beißspiele zu Kampfspielen aus, bei denen sie den ganzen Körper einsetzen.

„Spätentwicklern" wie dem Labrador Retriever und Schäferhund in der 4. Woche, beim Groß- oder Zwergpudel sogar erst Ende der 7. bzw. Anfang der 8. Woche beobachtet (Heine 2000, Feddersen-Petersen 2001, Günter 2009). In den Kampfspielen ist ab der 8. Woche vermehrt Beißen in den Hals und die Schultern, Schütteln, Umklammern und Anspringen zu beobachten. Das Aufreiten wird im Kampfspiel beim Bullterrier bereits am 18. Tag, beim Großpudel erst am 39. Tag beobachtet (Feddersen-Petersen 2001). Bekoff (1974) beobachtete das Aufreiten mit Beckenstößen bei Beaglewelpen ab dem 27. Tag. Rollenwechsel im Kampfspiel sieht Feddersen-Petersen (2001) beim Golden und Labrador Retriever erstmals in der 5. Woche, Trumler (2000) beobachtete sie erst im 3. Lebensmonat.

Das körpereigene Belohnungssystem sorgt dafür, dass Rennen Luna Spaß macht.

Bewegungsspiele

Bewegungsspiele werden erstmals um die 3. Lebenswoche beobachtet. Am 19. Tag sieht man Hüpfen mit dem Hinterteil, am 21. Tag Wälzen, am 23. Tag Schwanzjagen und am 28. Tag die ungerichtete Vorderkörpertiefstellung beim Samojeden (Günther 2009). Am 18. Tag wird Springen, Wälzen, Maulaufreißen und Beißen in die eigenen Gliedmaßen, am 23. Tag Hüpfen und Springen beim Border Collie beobachtet (Heine 2000).

Beim Labrador und Golden Retriever notiert Feddersen-Petersen (2001) solitäre Bewegungsspiele mit Um-sich-Drehen, Hochspringen, In-den-Schwanz-Beißen erstmals in der 4. Woche. Althaus (1982) beobachtete beim Husky Herumhüpfen und Bellen um den 17. Tag, plötzliches Rennen ab dem 22. Tag, Schwanzjagen am 26. Tag. Ludwig (1965) beobachtete das „Rennfieber" bei Boxern am 42. Tag.

1—Mit Spielgesicht und Pfotenheben reagiert der vier Wochen alte Cooper auf das Spielzeug.
2—Spielzeug wird im Objektspiel mit allen Sinnen (optisch, geruchlich, taktil, akustisch) untersucht.

Objektspiele und objektbezogene Sozialspiele

Objektspiele beginnen nach den ersten Sozialspielen ungefähr in der 3. Woche (Zimen 1982, Heine 2000, Haug 2004, Günther 2009), mit einem Anstieg bis zur 7. Woche (Heine, 2000). Objekte werden beschnuppert, belutscht, beknabbert, benagt und es wird hineingebissen. Objektbezogene Sozialspiele, in denen dem Spielpartner ein Objekt weggenommen wird, oder in Form von Zerrspielen, in denen um den Besitz von Objekten gestritten wird, tauchen ungefähr ab Ende der 4. Woche auf und nehmen bis zur 7. Woche zu.

Verfolgungsspiele

Je nach Rasse und Entwicklung sind bereits in der 3. Woche erste noch tapsige, unbeholfene Verfolgungen über kurze Strecken zu beobachten. Echtes Verfolgungsspiel taucht als letzte Spielform auf. Die ersten Verfolgungen treten bei den meisten Rassen erst zwischen Ende der 5. und Anfang der 7. Woche auf (Althaus, 1982, Heine 2000, Feddersen-Petersen, 2001, Günther 2009). In ausgeprägter Form ist diese Spielart erst zu Beginn des 3. Lebensmonats zu beobachten. Verfolgungsspiele setzen einen sicheren Gebrauch der Gliedmaßen voraus. Das Auftreten dieser Spielform ist zudem abhängig von Jahreszeit, Wetter und Platzangebot, da für Verfolgungsspiele ein größerer Platz erforderlich ist.

Das Festungsspiel „King of the Castle“ hier einmal verkehrt herum. Mehrere Welpen „verteidigen“ den erhöhten Standpunkt – ein gern genutzter Spielplatz – gegen einen einzelnen Welpen. Vorn Baker, rechts Buster, links Burns.

Festungsspiel

Das spielerische Verteidigen eines erhöhten Platzes, „King of the Castle" oder Festungsspiel genannt, taucht ungefähr um die gleiche Zeit wie die Verfolgungsspiele auf, da auch dieses Spiel eine gute Körperbeherrschung voraussetzt (Heine 2000, Günter 2009). Diese Spielform wird manchmal als Training für das Verteidigen des Territoriums betrachtet. Bloch sieht im Verhalten der attackierenden Welpen Ähnlichkeiten zum Jagdverhalten von Wölfen großen Beutetieren gegenüber (Bloch 2002).

Gruppenspiele

Zwischen der 3. und 4. Woche beginnen die Welpen, einander zu folgen. In der 5. Woche rennen sie z. B. als Gruppe zur Tür, was Scott und Fuller (1965) als erstes Rudelverhalten werteten. Scott und Fuller beobachteten mit Beginn der 7. Woche erste koordinierte Gruppenangriffe auf einzelne Welpen. Diese Angriffe waren bei einigen Rassen nur vorübergehend und spielerisch, bei anderen Rassen, z. B. bei Foxterrierwelpen, jedoch so dauer- und ernsthaft, dass der Verlierer aus der Gruppe genommen werden musste.

1—*Verfolgungsspiele tauchen spät auf, weil sie den sicheren Einsatz der Gliedmaßen voraussetzen. Vorn Buster, hinten Baker.*

2—*Bullterrierwelpen sind „Schnellentwickler", sie können sich relativ früh sicher und wendig bewegen.*

Trumler (1974, 1985) beschreibt in der Welpenentwicklung eine Phase zwischen der 8. und 12. Woche mit einem deutlichen Rückgang des „egoistischen" Verhaltens und eine Entwicklung hin zum gruppenorientierten Verhalten, die er als eigentliche Sozialisierungsphase kennzeichnete. Er beobachtete ab der 12. Woche, dass die Welpen verstärkt als Meute Jagd auf den Vaterrüden bzw. andere erwachsene Rudelmitglieder machten. Er vermutete, dass sie dabei die für die gemeinsame Jagd erforderliche Koordination üben. In diesen Spielen wird das Jagdverhalten in Teilsequenzen und immer neuen Variationen gezeigt (Trumler 1985, S. 108).

Babysitter gesucht

Im natürlichen Familienrudel übernehmen bestimmte Individuen die Rolle des Babysitters. Auch wenn alle Rudelmitglieder bei der Aufzucht des Nachwuchses beteiligt sind, indem sie z. B. der Mutter und später den Welpen Futter zutragen oder sie bewachen, tun sich einige besonders hervor. Sie kümmern sich besonders intensiv um die Geschwister, sind besonders geduldige Spielkameraden, begleiten ihr Spiel, erziehen sie und vermitteln durch ihr Eingreifen die Regeln des Rudels.

Verwandtschaftsselektion

Wenn die Fortpflanzung und Weitergabe der eigenen Gene das oberste Ziel jedes Individuums ist, muss der Nachwuchs die kostbarste Ressource des Rudels sein. Die Wolfsrudel entsprechen

Durch Twisters Selbsthandicapverhalten wird das Spiel der ungleichen Spielpartner erst möglich.

Familien, setzen sich also aus Mutter, Vater und dem Nachwuchs vergangener Jahre zusammen. Im Rahmen der Verwandtschaftsselektion haben deshalb auch die älteren Geschwister ein natürliches Interesse daran, den Nachwuchs zu unterstützen, weil sie – beim gleichen Vater – einen Teil (50 %) ihrer Gene mit ihm teilen. Die Babysitterrolle bringt den älteren Geschwistern zusätzliche Vorteile. (1) Sie haben einen direkten Überlebensvorteil durch das längere Verweilen im Rudel und (2) verbessern ihre Fähigkeiten, später den eigenen Nachwuchs aufzuziehen, erhöhen also ihren eigenen Reproduktionserfolg. Durch den Babysitter entlastet, kann die Mutter früher wieder an der Jagd teilnehmen und hat eventuell einen verbesserten Lebenszeitfortpflanzungserfolg (MacDonald 2006). Als Babysitter agieren Rudelmitglieder, die ein besonders gutes Verhältnis zur Mutter haben. Bloch beobachtete bei den Pizzahunden, dass sich die Hündin Lilly nach dem Tod der leiblichen Mutter besonders um die Erziehung des Junghundes Bellino kümmerte (Bloch 2007). In den von ihm

Twister lehrt die Welpen als Babysitter die ersten Lektionen angemessenen Sozialverhaltens.

beobachteten Wolfsfamilien waren die Babysitter fast immer weibliche, noch nicht geschlechtsreife Tiere, die 85 % ihrer Zeit damit verbrachten, die Welpen zu bewachen und Kommunikationsrituale einzuüben (Bloch 2009, S. 23).

Babysitter-Hormone

Möglich wird das fremdelterliche Versorgungsverhalten des Babysitters durch einen Anstieg des Prolaktinspiegels. Prolaktin wird aus der Hypophyse ins Blut abgegeben und löst das mütterliche bzw. fremdelterliche Versorgungsverhalten aus. Ohne Prolaktin wird mütterliches Verhalten unterdrückt. In einem Wolfsrudel steigt bei allen Rudelmitgliedern (auch den Rüden) der Prolaktinspiegel, wenn im Frühjahr die Jungen geboren werden. Gute Voraussetzungen für die Übernahme der Babysitterrolle ist eine Kombination aus niedrigem Testosteronspiegel und erhöhtem Prolaktinspiegel (Schradin 2007). Die Rudelmitglieder, die bei Wölfen oder Hunden als Babysitter fungieren, werden von Mech (1990) und Bloch (2002, 2004) als besonders verspielt beschrieben.

Der Haushund als Babysitter

Auch wenn es das väterliche Versorgungsverhalten der Welpen bei Hunden offensichtlich nicht gibt (Bloch 2007), scheint es bei ihnen das Phänomen des Babysitters sehr wohl zu geben, wie Züchter berichten. Die Rolle des Babysitters kann eine im gleichen Haushalt lebende Hündin, aber auch ein Rüde übernehmen. Ich konnte beobachten, wie ein Wurf Australian Shepherds intensiv vom nur fünf Monate alten Halbbruder Twister betreut wurde. Er spielte immer wieder ausdauernd und sehr geduldig mit den Welpen, viel mehr als der im gleichen Haushalt lebende Vater oder ihre Tanten. Die Initiative ging dabei eindeutig von ihm selbst aus, er wurde dazu weder von der Mutter noch von den Menschen aufgefordert. Er zeigte sehr ausgeprägtes Selbsthandicapverhalten, griff aber auch ein, wenn die Welpen untereinander zu heftig spielten. Meist reichte ein strenger Blick, aber manchmal packte er die Welpen mit sanftem Schnauzgriff oder er drückte sie kurz auf den Boden. Bei einem anderen Wurf übernahm nach einem Unfall der Mutter die im Züchterhaushalt lebende Tante die Babysitterrolle.

Bei einer anderen Züchterin wachsen die Zwergdackel zusammen mit mehreren älteren Doggen auf. Karl, eine neunjährige sensible, etwas unsichere Dogge ist nach Aussagen der Züchterin „absolut verrückt nach den Welpen“. Er beobachtet sie beim Spiel und versucht selbst, sie zum Spiel aufzufordern. Sein Interesse an den Welpen übersteigt auch hier das Interesse, das der im gleichen Haushalt lebende Vater der Welpen zeigt. Beeindruckend, wozu Hunde im Sozialspiel imstande sind, wenn man die Größen- und Gewichtsunterschiede von Dogge und Zwergdackel betrachtet. Behauptungen, dass es im Spiel ums Gewinnen geht, erscheinen da fast schon absurd.

Auch Hunde brauchen einen besten Freund

Nachdem zunächst eher zufällige Spielbegegnungen stattfinden, erkennen und speichern die Welpen im Sozialspiel, unterstützt durch das Hormon Oxytocin, die individuellen Eigenschaften ihrer Wurfgeschwister und entwickeln persönliche Bindungen. Auch bei Hundekindern scheint es dann so etwas zu geben wie den besten Freund, die beste Freundin (Ward u. a. 2008).

Die wichtige Rolle der Wurfgeschwister

In der ersten Phase bildet die Mutter, von der er komplett abhängig ist, den zentralen Punkt im Leben eines Welpen. Mit dem Beginn der Spiele werden die Wurfgeschwister wichtiger. Bloch (2004) beobachtete, dass Wolfswelpen 15-mal häufiger mit den Wurfgeschwistern spielen als mit den erwachsenen Rudelmitgliedern. Althaus (1982) beobachtete, dass Huskywelpen zweimal so häufig mit den Wurfgeschwistern als mit der Mutter spielen. Die gleichaltrigen Sozialpartner spielen für die Sozialisierung der Hundewelpen offensichtlich eine wichtigere Rolle als die Mutter oder andere erwachsene Rudelmitglieder.

Während Elvis (links) den Garten untersucht, fordert Karl (rechts) ihn mit Spielgesicht und Pföteln zum Spiel auf. Karl ist wie immer hingerissen vom Zwergdackelnachwuchs. Wegen der enormen Größenunterschiede findet dieses Spiel stets unter den wachsamen Augen der Züchterin statt.

Ausbildung der Spielpartnerpräferenz

In der frühesten Lebensphase gibt es noch keine differenzierten sozialen Beziehungen zwischen den Welpen. In den zunächst unbeholfen wirkenden und dann immer differenzierter ausgeführten Spielen verändert sich die Rolle der Mutter und der Wurfgeschwister immer mehr vom Spielobjekt zum echten Spielpartner (Althaus 1982). Zwischen den Welpen gibt es zunächst mehrere bevorzugte Spielpartner, also Welpen, die besonders häufig zum Spiel aufgefordert werden. In einem Wurf mit sieben Welpen gibt es 21 mögliche Dyaden (Zweier-Kombinationen, wie Welpe 1 und Welpe 2, Welpe 1 und Welpe 3 usw.) und damit ist die statistische Wahrscheinlichkeit des Anteils für jede mögliche Dyade 4,76 %. Tatsächlich variierte in beobachteten Beispielwürfen der Anteil der einzelnen Dyaden am Gesamtergebnis von 2,6 % bis 8 % (Günther 2009). Bis zur 23. Woche gibt es noch keine starke Bevorzugung bestimmter Spielpartner. Ab diesem Zeitpunkt konzentrieren sich die Welpen im Spiel dann auf eine Gruppe bevorzugter Spielpartner. Als Junghunde haben sie schließlich einen stark bevorzugten Spielpartner (Ward u. a. 2008). Dies bedeutet, dass Hunde schon relativ früh in ihrer Entwicklung differenzierte Beziehungen im Spiel ausbilden. Diese Präferenz bleibt in der weiteren Entwicklung stabil. Sie beruht allerdings nicht auf Gegenseitigkeit, d. h. Hund A bevorzugt Hund B als Spielpartner, aber umgekehrt bevorzugt Hund B nicht unbedingt Hund A als Spielpartner. Wie die Spielpartnerpräferenz begründet ist,

ist noch unklar. Natürlich gibt es hier die rangorientierte Interpretation, nach der Welpen die Spielpartner bevorzugen, die sie dominieren können (Ward u. a. 2008). Bekoff, der Spiel als „Training für das Unerwartete“ sieht, vermutet allerdings, dass Welpen sich eher die Spielpartner aussuchen, die ihrer Entwicklung am förderlichsten sind oder denen sie am meisten vertrauen (Spinka, Newberry & Bekoff 2001).

Frühförderung durch den Züchter

Wenn ein Welpe wenig spielt, kann das daran liegen, dass er sich nicht an die „Spielregeln“ hält, zu rau spielt, zu fest zubeißt oder den Spielpartner nicht freiwillig gehen lässt. Deshalb wird er zukünftig nicht mehr gern als Spielpartner gewählt. Es kann auch sein, dass er, z. B. weil er schwächer oder zurückhaltender ist als seine Wurfgeschwister, zu häufig negative Spielerfahrungen macht. Wenn sich die „Wurf-Rangordnung“ herauskristallisiert, kann man beobachten, dass der ranghöchste Welpe und der rangniedrigste Welpe am wenigsten spielen, das „Mittelfeld“ hingegen am häufigsten spielt (Gansloßer 2007). Im oben bereits erwähnten Beispielwurf der Samojeden variierte der Spielanteil der einzelnen Welpen am Gesamtergebnis von unter 12,2 % bis über 17,7 % (Günther 2009).
Durch das häufige Spiel machen die Welpen des Mittelfeldes besonders viele Lernerfahrungen, können eine größere Sozialkompetenz und engere Beziehungen entwickeln. Züchter können hier lenkend eingreifen, wenn sie den eher schüchternen Welpen regelmäßig die Möglichkeit geben, zusätzliche spielerische Herausforderungen zu bewältigen. Die genaue Beobachtung der Interaktionen zwischen den Welpen (wer spielt am häufigsten, wer hat die meisten Spielpartner, wer initiiert die meisten Spiele usw.) kann Hinweise auf die weitere Entwicklung der Welpen liefern.

Welpengruppen ersetzen die Wurfgeschwister

Nach der Übernahme vom Züchter bieten gute Welpengruppen dem Welpen Gelegenheit, viele verschiedene Rassen und Hundetemperamente kennenzulernen. Er kann so in verschiedenartigen Situationen mit unterschiedlich reagierenden Hunden kommunizieren. Bei vertrauten Spielpartnern kann das Spiel auch heftiger werden. So kann der Welpe das ganze Spektrum angemessener Aktions- und Reaktionsmöglichkeiten lernen. Wann ist welches Verhalten passend, wann ist ein Zurücknehmen oder eine „Entschuldigung“ z. B. in Form eines Spielsignals angebracht? Damit dies gelingt, sollte die Gruppe aus ca. sechs Welpen unterschiedlicher Rassen (8 bis 16 Wochen alt) bestehen. Ein erfahrener Trainer und ein souveräner erwachsener Hund sollten das Spiel begleiten.

Welpengruppen und Hundekontakte

Hundewelpen verlassen zwischen der 8. und 12. Woche die Wurfgeschwister. Besonders Hunde, die dann als Einzelhunde im Haushalt leben, sollten über die Welpengruppe hinaus regelmäßige Hundekontakte haben, damit sie feste Freundschaften bilden können.

Spielend ins Gespräch vertieft – Spielkommunikation

Schau mich an – Signale, die um Aufmerksamkeit bitten

Kommunikation ist für eine Beziehung, was der Atem für das Leben ist.
VIRGINIA SATIR

Sozialspiel wird durch Spielsignale eingeleitet und von diesen begleitet. Laut Wörterbuch der Verhaltensbiologie ist ein Spielsignal (play signal) ein „spezielles Signal, das die Bereitschaft zum Spielverhalten anzeigt. Es vermeidet Missverständnisse und signalisiert, dass das folgende Verhalten ohne spezifischen Ernstbezug ist" (Gattermann 2006, S. 302).
Spielsignale können mimisch sein, (z. B. das Spielgesicht), aus einer Bewegung des ganzen Körpers (z. B. die Spielverbeugung) oder einzelner Körperteile (z. B. das Pföteln) bestehen. Optische Spielsignale kann der Spielpartner sehen (z. B. das Spielgesicht), akustische hören (z. B. das Spielbellen), olfaktorische riechen (z. B. Pheromone) und taktile spüren (z. B. das Spielbeißen).
Spielsignale werden vor dem Spiel eingesetzt, um Spiel zu initialisieren, und während des Spiels eingesetzt, um die Spielstimmung aufrechtzuerhalten und potenzielle Missverständnisse zu verhindern oder sich für zu heftiges Spiel zu entschuldigen. Zusätzlich zum Austausch von Spielsignalen halten Hunde während der Spielphasen, die zu Missverständnissen führen könnten, ständigen Augenkontakt (Bekoff 2001). Als Bewegungsseher sind sie in der Lage, minimale Bewegungen wahrzunehmen und blitzschnell darauf zu reagieren.
Nach Zimen (1982) umfasst das Spiel von Hunden nur noch 35 % der Spielverhaltensweisen der Wölfe. Besonders deutlich ist die Reduzierung bei den Spielbewegungen, in Beißspielen und im Solitärspiel.

1

2

Bereits vor Spielbeginn setzen Hunde sogenannte „Attention getting signals“ ein, um sicherzustellen, dass der gewünschte Spielpartner ihre Spielabsicht überhaupt bemerkt. Diese Signale werden nicht nur im Sozialspiel eingesetzt, sondern immer, wenn ein Hund, die Aufmerksamkeit eines anderen Hundes auf sich lenken will. Alexandra Horowitz (2009), eine amerikanische Psychologin, untersuchte das Aufmerksamkeitsverhalten von Hunden im Spiel. Dabei fand sie heraus, dass Hunde sehr wohl registrieren, ob der Spielpartner ihnen Aufmerksamkeit schenkt oder abgelenkt ist. Ist der Partner abgelenkt, blickt er z. B. in eine andere Richtung, senden sie zunächst ein Signal, mit dem sie die Aufmerksamkeit des gewünschten Spielpartners auf sich lenken. Erst wenn der andere Hund sie anschaut, senden sie das Spieleinladungssignal, z. B. die Spielverbeugung. Hunde versuchen sehr differenziert, die Aufmerksamkeit des potenziellen Spielpartners zu erlangen. Sie wählen die Art der Signale, die sie senden, passend zur Ablenkung des gewünschten Spielpartners. Sie platzieren ihren Körper vor das Gesicht des anderen Hundes, springen rückwärts, drehen sich herum, sodass ihr Hinterteil vor dem Gesicht des anderen Hundes platziert wird, oder schnappen in die Luft. Dabei passen sie die Art des Signals an den „offenen“ Wahrnehmungskanal des anderen Hundes an. Ist der andere Hund visuell abgelenkt, wählen sie ein akustisches Signal wie Bellen. Sind der visuelle und der akustische Wahrnehmungskanal belegt, wählen sie ein taktiles Signal: Sie rempeln den Hund an, berühren ihn mit geschlossenem Maul, mit der Nase oder Pfote, oder beißen ihn sanft. Erst wenn sie die Aufmerksamkeit des anderen Hundes haben, kommunizierten sie ihre Absicht zu spielen oder mit dem unterbrochenen Spiel fortzufahren.

1—Buster ist durch sein Zerrspiel abgelenkt. Baker wählt deshalb taktile Signale, um seine Aufmerksamkeit zu bekommen.
2—Buster dreht sich zu Baker um.
3—Kurze Spielpause mit Blickkontakt. Buster pfötelt, Baker setzt zum spielerischen Sprung an.
4—Aus dem Sprung heraus umklammert Baker Buster.

3

4

Bitte spiel mit mir – Signale, die zum Spiel einladen

Hunde besitzen Signale, mit denen sie eindeutig klarmachen, dass sie in Spiellaune sind. Ein solches Signal wird als Spielsignal, wenn es als Einladung zum Spiel eingesetzt wird, als Spieleinladung (play invitation) bezeichnet.
Bekoff (1995) vermutet, dass die Unvorhersehbarkeit und Variabilität der Spielsequenzen insgesamt als Spielsignale wirken. Spielsignale unterscheiden sich von anderen sozialen Signalen und müssen nach Bekoff (1995) hochgradig stereotyp sein. Ein solch hochgradig stereotypes Signal ist bei Hunden die Vorderkörpertiefstellung. Andere Spielsignale mit Aufforderungscharakter entstammen dem Fluchtverhalten (z. B. das Aufforderungslaufen), dem agonistischen Verhalten (z. B. das spielerische Anspringen) oder dem Jagdverhalten (z. B. das Spiellauern).
Spieleinladungssignale sollen den potenziellen Spielpartner in Spiellaune bringen und die darauf folgenden Verhaltensweisen eindeutig als Spiel kennzeichnen. Weil Spieleinladungssignale mit der Absicht gesendet werden, Spiel zu initiieren, werden sie auch als Initialspiel bezeichnet. Einige der Signale, die Spiel auslösen, werden auch nach einer Pause, einer Unterbrechung im Spiel oder bei Ablenkung eines Spielpartners benutzt, um die Fortsetzung des Spiels zu erreichen.
Die Häufigkeit der Spielsignale, die Welpen einsetzen, korreliert nicht mit deren

Pachito zeigt Spieldrohen mit Spielverbeugung.

Erfolg, d. h., die am häufigsten eingesetzten Spieleinladungssignale sind nicht die erfolgreichsten (Bekoff 1974, Heine 2000, Günther 2009). Die Art, Intensität und Häufigkeit, mit der bestimmte Spielsignale gezeigt werden, variieren sehr stark und sind von der Rasse, dem Zeitpunkt innerhalb der Spielbegegnung, von der Konstellation der Spielpartner, von der Lernerfahrung und den Vorlieben eines Hundes abhängig. Trotzdem gibt es einige Spielsignale, die stereotyper und universeller sind, wie die Spielverbeugung, das Pföteln und das durch den offenen Mund gekennzeichnete Spielgesicht.
Ich beschreibe nun einige Beispiele für typische Spielsignale und Spielbewegungen; die komplette Darstellung würde den Rahmen dieses Buches sprengen. Vollständige und ausführliche Beschreibungen finden Sie bei Zimen (1982) und Feddersen-Petersen (2004, 2008).

Die Spielverbeugung

Das bei Caniden bekannteste Spielsignal ist die Spielverbeugung oder Vorderkörpertiefstellung, die sowohl als Einladung zum Spiel, als auch als „Entschuldigung" oder Versicherung der Spielstimmung, etwa bei zu heftigen Attacken, eingesetzt wird.

Wie sieht die Spielverbeugung aus?

Bekoff beschreibt die Spielverbeugung als Stellung, bei der ein Hund „sich auf die Vorderpfoten kauert, während er auf den Hinterbeinen steht, wobei er mit dem Schwanz wedeln und bellen kann" (Bekoff & Allen 1998, S. 105).
Die Spielverbeugung ist eine Körperstellung mit hoher Flexibilität, die dem Hund die Möglichkeit gibt, seine Muskeln im Spiel zu dehnen und schnell in jede Richtung loszurennen. Außerdem kann er diese Stellung längere Zeit entspannt aufrechterhalten. Gleichzeitig ist es eine wenig bedrohliche Position, denn der Kopf des Ausführenden ist dabei unterhalb des Kopfes des anderen Hundes. Die Spielverbeugung als Spieleinladung wird gezeigt, nachdem der Hund einige Sekunden auf allen Vieren gestanden hat oder als Teil einer Annäherung. Wölfe zeigen eine ähnliche Körperhaltung innerhalb der Jagd gegenüber großen Beutetieren (Bloch 2002), diese Körperhaltung wird im englischsprachigen Raum – im Gegensatz zur Spielverbeugung „Play bow" – als „Prey bow" bezeichnet (Aloff 2007, S. 283).

Bei der Spielverbeugung kauert Baker auf den Vorderpfoten, während er auf den Hinterbeinen steht. Dieses Spielsignal kann mit Spielbellen und Schwanzwedeln kombiniert werden.

Die Entwicklung der Spielverbeugung

Um die 3./4. Woche zeigen die meisten Welpen erstmals die Vorderkörpertiefstellung. Beim Husky (Althaus 1982) und Golden Retriever (Feddersen-Petersen 2001) wurde sie bereits am 16., beim Border Collie (Heine 2000) am 19. Tag, beim Samojeden (Günter 2009) und Deutschen Schäferhund (Feddersen-Petersen 2001) erst am 26. Tag beobachtet. Wenige Tage vor dem ersten Auftreten dieses Spieleinladungssignals beobachtete Althaus als Vorstufe, dass Welpen, die in Richtung Wurfgeschwister gehen, plötzlich auf den Bauch fallen, den Kopf schwenken und dabei den Halt verlieren. Dass sie die Beine nach vorn strecken, mit tiefem Oberkörper unbeholfen rückwärts hüpfen, verbunden mit gleichzeitigem heftigen Schwanzwedeln (Althaus 1982, S. 345). Ab der 4. Lebenswoche zeigen Welpen dann vermehrt die Vorderkörpertiefstellung als Spieleinladung zu Kampf- und Verfolgungsspielen.

Die Spielverbeugung als „festes Handlungsmuster“

Die Spielverbeugung ist ein angeborenes Spielsignal. Sie wird auch von blind geborenen Hunden und von Hunden, die ohne sozialen Kontakt zu anderen Hunden aufwachsen, in der gleichen Form gezeigt (Bekoff 1995). Die Spielverbeugung ist stereotyp d. h., ihre Form ändert sich im Lauf der Entwicklung kaum. Die Dauer dieses Signals als Spieleinladung maß Bekoff bei Kojoten mit 0,31, bei Wölfen mit 0,38 und beim Beagle mit 0,33 Sekunden. Innerhalb einer Spielbegegnung ist sie etwas kürzer. Die stereotype Natur der Spielverbeugung macht sie zu einem eindeutigen Signal, das Missverständnisse ausschließt.

Die Spielverbeugung wird gegenüber Artgenossen, Menschen und Objekten eingesetzt.

Die Spielverbeugung als „Satzzeichen“

Bekoff fand heraus, dass Caniden die Spielverbeugung nicht zufällig einsetzen, sondern in 74 % der Fälle sofort vor oder nach einer Aktion, die missverstanden werden kann und den Fortgang des Spiels gefährdet. Ein Beispiel dafür ist das Beißschütteln, das bei aggressiven Auseinandersetzungen und genauso in Jagdsequenzen und im Spiel vorkommt. Bekoffs Studie zeigte, dass Spielverbeugungen sehr häufig vor oder nach Beißschütteln vorkommen. Die Spielverbeugung hat nach Bekoff demzufolge in der Spielkommunikation die Bedeutung eines „Satzzeichens“. Der Hund setzt so die Aktion vor oder nach seiner Spielverbeugung gewissermaßen in Anführungszeichen (Bekoff 1995).

Spielbeißen

Spielbeißen ist bei Hunden die häufigste Art ein Spiel zu initiieren. Zur Spielinitiierung wird von Welpen am häufigsten in Schnauze, Hals und Schwanz gebissen. Charakteristisch für das Spielbeißen sind neben dem weiten Öffnen des Kiefers, das Fehlen der Drohmimik und eine starke Beißhemmung.

Pföteln und andere Pfotenbewegungen

Pfotenbewegungen werden benutzt, um auf kurze Distanz Spielbereitschaft zu signalisieren. Sie sind die ersten Spieleinladungssignale und werden bereits um die 2. Woche beobachtet. Pföteln wird z. B. beim Golden Retriever am 9., beim Husky am 16. und beim Samojeden am 13. Lebenstag, Pfote auflegen beim Golden Retriever am 20., beim Husky am 12. und beim Samojeden am 15. Lebenstag erstmals beobachtet (Althaus 1982, Feddersen-Petersen 2001, Günther 2009).

Pföteln

Beim Pföteln wird eine Vorderpfote gehoben und gesenkt. Althaus nennt diese Bewegung Winken und beschreibt sie: „Eine Vorderpfote wird angezogen, nach oben vorn gestreckt und, in einem Bogen geführt, wieder auf die Unterlage gestellt." (Althaus 1982, S. 346) Geschieht dies in Richtung eines Spielpartners, hat die Bewegung die Bedeutung eines Spieleinladungssignals. Althaus betrachtet diese Bewegung als „gemäßigte Spieleinladung", da er sie häufig nach heftigen Spielphasen, bei warmem Wetter oder gegen Ende einer Spielrunde beobachtete. Das Pföteln kann auch als Intention zum „Auflegen der Vorderpfote" auf Distanz interpretiert werden (siehe nächster Abschnitt).

1—*Shari kombiniert Spielverbeugung mit Pföteln.*
2—*Gina und Magic pföteln synchron.*
3—*Bewegungssynchronisation: Die Terrierwelpen präsentieren sich hier als „Pfötel-Trio".*

1

2

3

Pföteln kann als Pfotenauflegen aus Distanz interpretiert werden, wie bei Baker rechts.

Auflegen der Vorderpfote

Bei diesem Spielsignal wird dem potenziellen Spielpartner ohne Druck eine Vorderpfote gesichtsorientiert, auf Kopf, Nacken, Vorderkörper, Rücken oder Schwanz aufgelegt. Die Bewegung kann allein oder in Kombination mit Beißen, Anspringen und anderen Bewegungen auftreten. Pfötelt ein Hund, während er sich dem Spielpartner nähert, kann dies im Auflegen der Vorderpfote enden (Althaus 1982). In der Paarungszeit testet der Rüde im Sexualspiel durch das Auflegen der Vorderpfote im hinteren Rückenbereich, ob die Hündin paarungsbereit ist. Auch im Spiel, nachdem Rüde und Hündin ein wenig geflirtet haben, kann nach dem Auflegen der Vorderpfote ein spielerischer Aufreitversuch folgen.

Spielerisches Anspringen

Eine häufige Spieleinladungsbewegung ist der schnelle Vorwärtssprung in Richtung Spielpartner. Wird der Sprung aus Entfernung und mit Schwung ausgeführt, verlassen dabei Vorder- und Hinterbeine den Boden. Der Spielpartner wird häufig schräg von vorn, manchmal auch von der Seite in Richtung Flanke oder Hüfte angesprungen. Der Sprung wird teilweise mit so viel Kraft ausgeführt, dass der angesprungene Spielpartner umgeworfen wird. Das Anspringen ist ein Signal mit hohem Aufforderungscharakter. Hunde zeigen Verhaltensentsprechungen im jagdlichen und im agonistischen Kontext.

Spielerischer Überfall

Beim spielerischen Überfall duckt sich der angreifende Hund und fixiert den potenziellen Spielpartner. Der Angreifer

1

2

Shari mit Spielgesicht lädt Jones ein, sie als Beutetier im Rahmen eines Jagdspiels zu verfolgen.

Bully lädt Oskar zu einem spielerischen „Wettstreit", um das völlig wertlose Ballfragment ein.

nähert sich in geduckter Haltung, langsam und schleichend dem Spielopfer, auf das er plötzlich zuspringt. Es kann ein Spielbeißen, Umwerfen und ein sich daraus entwickelnder Spielkampf oder ein Jagdspiel folgen. Eine ähnliche Verhaltenssequenz gibt es im Jagdkontext.

Einladung zum Verfolgen

Beim Aufforderungslaufen springt oder rennt der Hund meist aus dem Stand kurze Strecken von seinem Spielpartner weg. Zwischendurch stoppt er, dreht den Körper oder nur den Kopf und zeigt die Spielverbeugung. Falls der Spielpartner nicht folgt, kehrt er zurück und wiederholt das Ganze. Bei der übertriebenen Annäherung nähert sich der Hund seinem Spielpartner in springender, hopsender, hüpfender Form, wobei beide Vorderpfoten gleichzeitig aufgesetzt werden und der Kopf und/oder Vorderkörper hin- und hergeworfen werden. Die Bewegungen können von Spielknurren oder Spielbellen begleitet sein.

Spieleinladung mit Objekt

Soziale Objektspiele starten als „Ich-habe-was-was-du-nicht-hast". Zur Initiierung eines objektbezogenen Sozialspiels präsentiert der Hund ein Spielobjekt im Blickfeld des Spielpartners z. B. zwischen den Vorderpfoten oder trägt es in der Schnauze, rennt dann mit dem Objekt weg und wird, wenn er erfolgreich ist, von einem oder mehreren Spielpartnern verfolgt.

1—2 *Scheinbar uninteressiertes Beobachten – Spiellauern – dann der dackeltypische schnelle Vorstoß.*

Wenn Hunde lachen – das Spielgesicht

Das Spielgesicht (open-mouth-display) ist ein Spielsignal, das es bei vielen Tierarten, sowohl bei Primaten als auch bei Caniden gibt. Nach Feddersen-Petersen hat es sich aus dem Zähnezeigen bzw. aus „Intentionsbewegungen zum Zubeißen" entwickelt (Feddersen-Petersen 2008, S. 209). Das Spielgesicht signalisiert dem Spielpartner die eindeutige Spielabsicht und beugt damit Missverständnissen vor.
Das Spielgesicht beider Spielpartner ist das sicherste Indiz dafür, dass es sich bei der beobachteten Interaktion tatsächlich um Spiel handelt. Typisch für das Spielgesicht sind der entspannte Gesichtsausdruck und der lächelnde, offene Mund, die Lippen sind horizontal (aber nicht vertikal) zurückgezogen, der Kiefer steht leicht offen, Mundwinkelbewegungen fehlen. Die Ohrstellung ist variabel, aufgerichtet, nach hinten gekippt oder einfach flach nach hinten gelegt (Feddersen-Petersen 2004, S. 276).

1—Eileen mit Spielgesicht in der „defensiven" Position, sie blickt an Maverick vorbei ins Leere.
2—Jones und Shari beide mit Spielgesicht.
3—Pföteln und Spielgesicht mit offenem Mund bei Camillo sind eindeutige Spielsignale.

1

2

3

Akustische und olfaktorische Spielsignale

Akustische Spielsignale

Spielknurren ist ein akustisches Spielsignal, das aus dem agonistischen Kontext stammt, aber von diesem unterscheidbar ist. Welpen lernen im Sozialspiel auch die akustische Kommunikation, z. B. dass Drohlaute niedrige Frequenzen und Beschwichtigungslaute höhere Frequenzen haben. „In Verbindung mit Spielbewegungen werden spontane Knurrlaute ausgestoßen, die dann in kurze, abgehackte Belllaute übergehen können. Vom 30. Lebenstag ab bellen Pudel häufig […] besonders bei Spielbewegungen mit Aufforderungscharakter …“ (Feddersen-Petersen 2004, S. 127). Studien von Zimen und Feddersen-Petersen mit Wölfen und Pudeln zeigen, dass Pudel häufiger akustische Spielsignale wie Spielbellen und Spielknurren einsetzen als Wölfe. Eine mögliche Erklärung dafür ist die Selektion des Hundes durch den Menschen auf Bellen wegen seiner Wächterfunktion (Miklósi 2009). Da das Repertoire von Bell- und Knurrlauten bei verschiedenen Rassen sehr unterschiedlich ausgeprägt ist, ist eine andere Erklärung, dass Rassen, die aufgrund eingeschränkter Gesichtsmimik nur über beschränkte Ausdrucksmöglichkeiten verfügen, wie z. B. der Bullterrier, zum Ausgleich eine differenziertere akustische Kommunikation entwickeln (Feddersen-Petersen 2008).

Spielbellen

Spielbellen lässt sich durch sonagrafische Analyse eindeutig vom Bellen in nicht spielerischem Zusammenhang unterscheiden. Es ist heller, höher und klingt schriller. Sowohl Menschen als auch Hunde können unterschiedlich motiviertes Hundebellen unterscheiden und korrekt zuordnen (Miklósi u. a. 2005, Maros u. a. 2008).
Feddersen-Petersen (2008) beschreibt Spielbellen als tonalen oder atonalen Einzellaut oder als Laut, der in Sequenzen geäußert wird und aus einem oder mehreren Lauttypen bestehen kann. Spielbellen kann sowohl rhythmisch, d. h. in regelmäßigen Intervallen, als auch arrhythmisch, d. h. in unregelmäßigen Sequenzen geäußert werden. Meyer beschreibt Spielbellen als Laute mit „tonaler glockenförmiger oder tannenbaumartiger Struktur“ (Meyer 2004, S. 173). Harmonisches, gleichmäßiges, melodisches Bellen wirkt Distanz verringernd („Komm her“), atonales, disharmonisches, unmelodisches, ungleichmäßiges Bellen dagegen Distanz vergrößernd („Geh weg“).
Tonales Spielbellen taucht zu sehr unterschiedlichen Zeitpunkten in der Ontogenese verschiedener Rassen auf, z. B. beim Kleinen Münsterländer am 9. Tag, beim Bullterrier am 22. Tag (Feddersen-Petersen 2008). Tonales Bellen wird nur im Spiel registriert, und zwar im Rahmen von Objektspielen, als

Spieleinladung junger Hunde an Altersgenossen, bei Spielangriffen und als Spielaufforderung gegenüber erwachsenen Hunden, dann begleitet von Spielsignalen wie der Vorderkörpertiefstellung oder dem Pföteln. Tonales, also harmonisches Spielbellen, ist charakteristisch für entspanntes Sozialspiel, atonales Spielbellen eher für rauere Kampfspiele, Mischformen können auf ein Umkippen des Kampfspiels deuten.

Mischungen von tonalen/atonalen Belllauten werden im Rahmen von Bellspielen geäußert und sind dabei nicht an einen erkennbaren Empfänger gerichtet. Spielbellen wird auch gegenüber dem Menschen eingesetzt. Bekoff (1974) beobachtete, dass Beagle Bellen als Spieleinladung in fast 50 % der Versuche erfolgreich gegenüber potenziellen Spielpartnern einsetzten. Hunde setzen Spielbellen, kombiniert mit der Vorderkörpertiefstellung, auch gegenüber Spielgegenständen und anderen leblosen Objekten ein.

Lachende Spielgesichter bei den Spielgefährten Shari und Jones.

Spielknurren

Tonales Spielknurren unterscheidet sich von atonalem Knurren, das als Distanz vergrößerndes Signal eingesetzt wird. Meyer beschreibt das Spielknurren als „tonales Vibrato-Knurren". Ludwig (1965) beschreibt es beim Boxer als heller als der tiefere, lang andauernde Knurrlaut außerhalb des Spielkontextes. Spielknurren wird außerdem häufig bei geöffnetem Maul geäußert (Günther 2009).

Hunde erkennen den Unterschied zwischen Spielknurren und Distanz vergrößerndem Knurren z. B. zur Ressourcenverteidigung. Miklósi (2010) hat Experimente durchgeführt, in denen ein Hund in einen Raum mit einem gefüllten Futternapf geführt wurde. Hinter dem Futternapf wurde über einen Lautsprecher Hundeknurren eingespielt. Nur das bei einer Ressourcenverteidigung aufgezeichnete Knurren führte dazu, dass die Hunde nicht aus dem Napf fraßen. Vom eingespielten Spielknurren dagegen ließen sich die Hunde nicht vom Fressen abhalten.

Spielhecheln – Hundelachen

Schon Aldis (1975) war bei der Beobachtung spielender Hunde ein Hecheln aufgefallen, das sich vom normalen Hecheln wegen Hitze oder Atemlosigkeit unterschied, nur im Spiel vorkam und das er bereits als Lachen interpretierte. Fox (1975) interpretierte Spielhecheln ähnlich. Patricia Simonet (2005) hat diese Vokalisationsform untersucht

und bestätigt diese Vermutungen. Beim Spielhecheln handelt es sich um ein deutlich betontes keuchendes Ausatmen, das sich erkennbar von normalem Hecheln unterscheidet. Es ist sowohl im Sozialspiel, als auch im Solitärspiel zu hören: Der Hund lacht.
Nach Panksepp (1998), der Lachen bei gekitzelten Ratten registrierte, gehört das „Lachzentrum" zu den ältesten Teilen des menschlichen Gehirns und ist bei vielen Tieren existent. Deshalb hält er Lachen für eine evolutionär sehr ursprüngliche emotionale Reaktion, hervorgerufen durch die Ausschüttung von Dopamin.

Spielgerüche? Olfaktorische Spielsignale

Burghardt (2005) glaubt, dass es im Spiel von Caniden auch olfaktorische Spielsignale gibt, die wir Menschen nicht wahrnehmen können. Dabei soll es sich um bestimmte Pheromone handeln.
Bei dem ausgeprägten Riechvermögen unserer Hunde ist es gut vorstellbar, dass sie die inneren neurochemischen Vorgänge des hündischen und menschlichen Spielpartners riechen. Beteiligt daran könnte das Jacobson'sche Organ (Vomeronasalorgan) sein, ein auf Pheromone „spezialisiertes" röhrenförmiges, mit tausenden Nervenzellen versehenes Gebilde am Boden des Nasenvorhofs mit einer Verbindung zur Mundhöhle.

Anstellen zur Geruchskontrolle: Im Spiel taucht ein erwachsener Hovawart auf. Die Junghunde begegnen ihm unterschiedlich selbstsicher.

Alles nur Spiel – Spielformen im Hundespiel

Eine erfolgreiche Spieleinladung führt zum Sozialspiel mit einem oder mehreren Spielpartnern. Sozialspiele enthalten Verhaltenselemente, die auch außerhalb des Spiels z. B. bei der Jagd oder in Auseinandersetzungen eingesetzt werden, die sich aber in der Zielgerichtetheit und Ausführung unterscheiden.

Beispielsweise beobachtete Ludwig (1965), dass der Hochkampf bei seinen Boxern im Spiel zehn Sekunden dauerte, während er im Echtkampf eine Dauer von fünfzehn Sekunden hatte.

Spielkampf im Liegen, Stehen und Hochkampf

Beim entspannten Spielkampf liegen beide Spielpartner auf der Seite, auf dem Bauch oder dem Rücken. Sie zeigen eventuell Spieldrohen, schwenken den Kopf mit weit geöffnetem Maul und packen sich an Lefzen und am Fell. Sie beißen sich gegenseitig in die Halsgegend und in die Kehle. Nimmt die Erregung der Hunde zu, werden zunehmend die Vorderbeine zu Hilfe genommen.

1—*Spielerischer Hochkampf kostet viel Kraft und wird deshalb im Spielkontext nur kurz gezeigt.*
2—*Pepper und Camillo stemmen sich gegeneinander.*

Begleitet werden kann diese Spielkampfform von ganz hohen oder tiefen Lauten. Beim Spielkampf im Stehen versucht der Angreifer dem Spielpartner die Pfote in den Nacken zu legen, ihn zu drehen, niederzudrücken oder auf den Rücken zu werfen. Durch Schieben, Rempeln und Drücken soll der Spielpartner aus dem Gleichgewicht gebracht werden.
Im Hochkampf springen die Hunde sich frontal gegenseitig an, umarmen oder umklammern sich dann bei aufgerichteten Hinterbeinen. Auf den Hinterbeinen stehend, versuchen die Spielpartner, sich an den Kehlen zu fassen und aus dem Gleichgewicht zu bringen. Der Hochkampf kommt vorwiegend am Anfang von Spielsequenzen vor, ist anstrengend und dauert daher nur einige Sekunden. Die Spielpartner verlieren dabei häufig das Gleichgewicht und fallen auf alle vier Beine, den Rücken oder die Seite. Länger dauernde Hochkampfphasen im Spiel deuten auf zunehmende Erregung hin und sollten als Alarmsignal betrachtet werden (Ludwig 1965).

3—Pepper versucht, Camillo hinunterzudrücken.
4—Spielkampf im Liegen mit Umklammern und Spielbeißen.

Aufreiten

Beim Aufreiten legt der Hund Kopf oder Oberkörper auf den Rücken des Spielpartners und umklammert dessen Körper mit den Vorderpfoten. Er führt dann eventuell Beckenstöße aus, wobei die Gesichtsmimik des Sexualgesichts (die Mundwinkel sind weit nach hinten oben gezogen) im Spielkontext fehlt. Das Aufreiten kann von hinten, von vorn oder auch von der Körperseite aus erfolgen. Aufreiten inklusive Beckenstößen zeigen beide Geschlechter. Bei männlichen Welpen ist es allerdings mit zunehmendem Alter häufiger zu beobachten (Bekoff 1974, Ward u. a. 2008). Aufreiten hat bei Welpen zunächst weder eine sexuelle noch eine soziale Bedeutung. Bei älteren Welpen und Junghunden kann das Aufreiten im Lauf eines Spiels mit viel Körperkontakt und der dabei zunehmenden Erregung eine sexuelle Komponente erhalten. Die veränderte Bedeutung kann an einer zunehmenden Orientierung des Aufreitens von hinten aus und an den veränderten Reaktionen der Spielpartner erkannt werden: Die Welpen reagieren mit Ausweichen, Weggehen bzw. mit Drohen und Imponieren. Nach Althaus (1982) führt das Aufreiten bei Huskywelpen ab der 7. Woche häufig zu Streitigkeiten.

1—*Spielaufreiten zeigen beide Geschlechter. Hier reitet Billie Blu auf ihrem Bruder Burns auf.*
2—*Umklammern und Über-den-Rücken-Beißen vom erwachsenen Camillo bei Pepper, hier von der Seite als Vorstufe zum Aufreiten.*
3—*Camillo reitet von hinten auf. Die durch eine längere Spielphase erschöpfte Pepper protestiert.*

Aufreitverhalten ist ein gutes Beispiel dafür, dass ein Verhalten sehr unterschiedlich motiviert sein kann, immer kontextabhängig eingeschätzt werden muss und wie unterschiedliche „Konzepte" zu völlig unterschiedlichen Interpretationen von Hundeverhalten führen. Für Donaldson (2009) ist Aufreiten im Spiel sexuell motiviertes Verhalten. Andere deuten es – besonders, wenn von der Seite aufgeritten wird – als begrenzendes Dominanzverhalten, als Bindung oder Stress anzeigendes Verhalten, als Übersprungshandlung und Ganslo-ßer verwendet bei Welpen/Junghunden dafür den anschaulichen Ausdruck der „Doktorspiele auf vier Pfoten".

Angriffs- und Verteidigungsformen im Spielkampf

Spielkämpfe starten häufig durch Beißen in den Kopf, Hals und den Schulterbereich. Durch den geöffneten Kiefer, das Kopfsenken und Abwehren mit der Schulter wird der Spielpartner daraufhin abgeblockt. Wenn ein Hund den anderen in den Hinterkörper beißt, wehrt sich der Spielpartner dadurch, dass er seinen Hinterkörper gegen den Angreifer schleudert. Das Hinterkörperschleudern wird als Zeichen für aggressive Komponenten im Spiel (Zimen 1982, Fox 1975) oder als Teil des Beutefangverhaltens (Aldis 1975) interpretiert. Wölfe werfen größere Beutetiere um, indem sie diese mit den Hüften anrempeln. Beim Wegdrücken versucht ein Spielpartner, den anderen mit tief gesenktem Vorderkörper und gegen den Boden gestemmten Beinen, mit Hals und Brust zur Seite zu schieben. Neben dem Umwerfen kommt es auch häufig vor, dass ein Hund sich vor dem Spielpartner freiwillig auf den Rücken fallen lässt. Liegt ein Partner, stellt sich der Spielpartner über ihn und der untere Hund versucht, den

1—*Das frontale Anspringen als Angriffsspielform von Buster bringt Baker aus dem Gleichgewicht.*
2—*Steht ein Spielpartner – hier Billie Blu – über dem anderen, verteidigt sich dieser, indem er den oberen wegdrückt.*

Angriffs-Spielformen	Abwehr-Verteidigungs-Spielformen
Spielbeißen, erzwungenes Abrollen, Nacken-Kehlgriff, Umklammern, Hochkampfstellung, Aufreiten, Aufstellen, Ringen, Niederdrücken, Über-dem-Partner-Stehen und Vorderpfote-Wegdrücken	Abwehren mit Vorder- oder Hinterpfoten, Zurückbeißen, Hinterkörperschleudern, Rückwärtsbeißen, selbstständiges Abrollen, Sichducken, Rückwärtssprung, Ausweichen und Hakenschlagen

oberen mit den Beinen wegzudrücken, während der obere probiert, ihn am Boden zu halten, und beide versuchen, sich (gehemmt) in die Kehle/den Halsbereich zu beißen. Althaus (1982) teilt die Spielformen in solche mit Angriffsfunktion und die mit Verteidigungs-Abwehrfunktion ein (siehe Tabelle).

Spielbeißen

Spielbeißen ist die häufigste Spielform bei allen Hunderassen und kann ein- oder zweiseitig sein. Als Spielaufforderung wird bevorzugt in Hals, Schnauze und Schwanz gebissen. Spielbeißen ist durch fehlende Drohmimik, übertriebenes Maulaufreißen und eine starke Beißhemmung gekennzeichnet (Feddersen-Petersen, 2008).

Entspanntes Zwergdackelspiel: Einstein beißt Rowdy mit deutlicher Beißhemmung in den Oberschenkel.

Die Entwicklung des Spielbeißens

Althaus (1982) beobachtete als Vorstufe des Spielbeißens, bereits am 3. Lebenstag eines Huskywelpen, ein reflexartiges Schließen des weit geöffneten Kiefers, wenn Körperteile der Geschwister zufällig ins Maul gerieten. Während Welpen in den ersten Wochen auch in Vorder-, Hinterbeine und Schwanz beißen, wird vom Junghund und vom erwachsenen Hund bevorzugt in Schnauze, Hals und Nacken gebissen (Althaus 1982, Heine 2000, Günther 2009).

Abwehrbeißen

Als abwehrendes Beißen ist Spielbeißen häufig mit Knurren, manchmal mit Bellen oder Winseln, mit zunehmendem Alter der Welpen auch mit Nasenrückenrunzeln verbunden. Bei Verfolgungsspielen oder als Abwehrbeißen wendet ein Spielpartner beim Rückwärtsbeißen lediglich den Kopf und versucht, den Angreifer zurückzubeißen.

Beißschütteln

Beim spielerischen Beißschütteln wird das Fell, ein Körperteil oder Spielzeug mit den Zähnen gepackt und der Kopf ruckartig zurückgerissen oder von einer zu anderen Seite geschüttelt. Beutegreifer schütteln ihre (kleinere) Beute, um sie daran zu hindern, sich herumzudrehen und zurückzubeißen, um ihren Griff zu vertiefen und um die Beute zu töten. Nach Aldis (1975) besteht bei Caniden das Schütteln aus energischen Bewegungen des Kopfes von einer zur anderen Seite, bei dem die Beute durch das Brechen des Rückgrats oder Verletzung des Hinterhirns getötet wird. Bekoff (1974) sah Beißschütteln beim Wolf dreimal häufiger als beim Beagle. Das Beißschütteln nimmt im Laufe der Welpenentwicklung an Häufigkeit ab. Es soll im Spiel, ähnlich dem gehemmten Beißen, ein gehemmtes Beißschütteln geben. Eine Zunahme des Beißschüttelns im Spiel weist auf eine zunehmende Erregung des Hundes hin.

1—Spielerischer „Tötungsbiss" in die Kehle.
2—Raues Terrierspiel: Übertriebenes Maulaufreißen und Pföteln von Billie Blu, Burns mit angedeuteter Spielverbeugung.

1

2

1—*Jones stellt die Beute spielende Shari im Jagdspiel durch einen stark gehemmten Biss in den hinteren Oberschenkel.*
2—*Der Hals ist ein häufiges Ziel von Spielbissen.*
3—*Im Verfolgungsspiel mit Spielbeute stoppt Aslan Chedano durch Über-den Rücken-Beißen.*
4—*Frech was Camillo hier mit Peppers Wange anstellt.*

Wohin beißen Hunde im Spiel?

Spielbisse richten sich bei Hunden, wie bei allen Säugetieren, generell nie gegen die Augen des Spielpartners (Aldis 1975). Gebissen wird in den Hals-Nacken-Schulterbereich, die Kehle, die Lippen, in die Vorderbeine (Ellenbogen bis Pfote), die Hinterbeine und den Schwanz (Ludwig 1965, Fox 1975, Althaus 1982, Bloch 2004, Günther 2009). Althaus und Günther beschreiben beim Siberian Husky/Samojeden in der 8. bis 10. Lebenswoche eine Konzentration von zwei Drittel aller Bisse auf diese Stellen. Die beschriebenen Körperstellen sind bei Wölfen und manchen Hunderassen farblich besonders hervorgehoben und stimmen im Spielkampf mit den Zielen der Bisse in Echtkämpfen überein. Bei Jagdspielen beißen Hunde die Spielbeute bevorzugt in die Stellen, in die ihre

wilden Verwandten die Beutetiere beißen: Schnauze, Kehle, Brust, Flanke, Bauch und Extremitäten (Bloch 2004, Feddersen-Petersen 2008). Althaus vermutet, dass sich „eventuell bedingt durch die unterschiedliche Behaarung, speziell das Fehlen von dichten ‚Mähnen' o. Ä. bei verschiedenen Hunderassen unterschiedliche Verteilung der Bissstellen auf dem Körper des Spielpartners nachweisen ließen" (Althaus 1982, S. 357).

Die Entwicklung der Beißhemmung

Als Beißhemmung bezeichnet man ein Beißen, bei dem der Hund den Druck der Kiefer stark hemmt und deshalb den Spielpartner nicht verletzt. Die Beißhemmung lernen Welpen im Spiel. Beißen sie ihre Wurfgeschwister zu fest, beißen diese entweder zurück – das ist ein deutlicher Schmerzhinweis – oder sie brechen das Spiel ab – auch das ist ein unangenehmer Effekt, denn man würde ja gern weiterspielen. Althaus (1982) vermutet, dass in den Spielkämpfen nicht nur die Beißhemmung, sondern auch das zielgerichtete Beißen in weniger empfindliche Körperstellen, wie die Halsregion, und das Vermeiden empfindlicher Körperstellen, wie z. B. Ohren, Pfoten und Bauch, gelernt wird. Althaus vermutet weiter, dass es nach dem Zahnwechsel zwischen dem 4. und 9. Monat innerhalb der Beißspiele zu einer weiteren Verfeinerung und Differenzierung des Zubeißens kommt.

5—*Oskar – mit Selbsthandicap – wird von Bully spielerisch in den Halsbereich gebissen*
6—*Shari knabbert an Jones Lefzen.*
7—*Border-Collie-Hündin Nala beißt in Logans Wange. Währenddessen macht sie eine Körperdrehung.*

Beißhemmung gegenüber dem Menschen

Auch wenn Welpen bereits gelernt haben, ihre Wurfgeschwister nur gehemmt zu beißen, müssen sie die Beißhemmung gegenüber dem Menschen unabhängig davon aufbauen. Menschliche Haut ist empfindlicher als Hundefell, sie müssen deshalb lernen, ihre Zähne sehr viel behutsamer einzusetzen. Wir als menschliche Spielpartner helfen ihnen dabei, wenn wir bei zu starkem Zubeißen das Spiel unterbrechen oder den Welpen z. B. kurz wegschieben, herunterdrücken oder ein anderes Abbruchsignal benutzen. So lernt der Welpe im Spiel zudem noch „so ganz nebenbei“ unsere Abbruchsignale kennen und befolgen.

Buckelrennen, Hoppelgalopp und Zickzacklauf

Beim Buckelrennen läuft der Hund, der beim Verfolgungsspiel die Beute spielt, mit zurückgelegten Ohren, übertriebenem Unterwürfigkeitsgrinsen (lang zurückgezogene Mundwinkel), Rundrücken und niedriger Schwanzhaltung. Beim Hoppelgalopp werden die Vorderbeine steif aufgesetzt und die Hinterbeine stoßen den Körper schräg nach vorn und oben. Als Zickzack-Galopp wird im Verfolgungsspiel das Rennen mit plötzlicher Richtungsänderung des Beutetier spielenden Hundes bezeichnet (Zimen 1982, Feddersen-Petersen 2008).

Pepper mit Rundrücken und niedriger Schwanzhaltung als Beute prüft, ob Camillo sie verfolgt.

Hundespiel – rassistisch, sexistisch und machtbesessen?

Spielverderber

„Wenn das Verlieren wehgetan hat, war es wahrscheinlich kein Spiel."

ÁDÁM MIKLÓSI

Die Aussagen über den Einfluss von Rasse, Geschlecht und sozialer Struktur auf Spiel sind vielfältig und widersprüchlich. Spielen Rüden tatsächlich rauer als Hündinnen? Ist die Rangordnung im Spiel wirklich außer Kraft gesetzt – oder wird sie vielleicht im Spiel verändert oder sogar stabilisiert?

Wie im ersten Kapitel beschrieben, müssen bestimmte Voraussetzungen erfüllt sein, damit Tiere überhaupt spielen. Die Tiere müssen frei von grundlegenden Bedürfnissen wie Hunger, Durst, Schlaf aber auch frei von starkem Stress sein.

Petras Hunde lieben Apportierarbeit, weil sie den Futterbeutel nicht als Druckmittel einsetzt.

Stress

Spiel findet nur im entspannten Feld, an sicheren Orten und bei Fehlen anderer Verhaltenstendenzen (z. B. Hunger, Angst) statt (Meyer-Holzapfel 1956, Feddersen-Petersen 2008). Stress ist damit eindeutig ein Spielverderber, egal wie er aussieht, ob es sich z. B. um eine Verletzung, eine durch Konflikte zwischen Gruppenmitgliedern spannungsgeladene Situation oder um äußere Gefahren handelt. Spiel nimmt stark ab, wenn die Tiere unter Stress stehen und soziale Spannungen herrschen, wie z. B. in der Ranzzeit (Cordoni 2009). Spiel findet dagegen häufig nach dem Fressen (Bloch 2007) oder als Einstimmung vor der gemeinsamen Jagd statt (Aldis 1975). Das fördert das für die gemeinsame Jagd wichtige Zusammengehörigkeitsgefühl.

Futterentzug

Sowohl in Freilandstudien als auch in Laborexperimenten, in denen Tieren nur wenig und schwer erreichbares Futter zur Verfügung stand, bewirkte der Futterentzug ein starkes Abnehmen von Sozialspiel (Baldwin 1946). Die Beendigung des Futterentzugs führte zu einem drastischen Anstieg des Spiels, das dann mehr als 50 % über der normalen Spielhäufigkeit lag.

Günther Bloch beschreibt in seinen Freilandstudien von Wölfen in der Tundra Kanadas im Jahr 1993 das Spiel der Wolfswelpen als „sporadisch und lethargisch“ und führt dies auf die schlechte Nahrungssituation zurück. Die Welpen waren bereits im Alter von sieben bis acht Wochen mit der Nahrungssuche beschäftigt und er vermisste die lebendigen Renn-, Jagd- und Kampfspiele anderer Würfe (Bloch 2002).

Das Ignorieren von Spieleinladungen

Die Spielerfahrung eines Hundes beeinflusst, wie häufig er spielt. Bekoff (1972) weist darauf hin, dass Tiere, die gelernt haben, dass ihre Spielaufforderungen erfolglos bleiben, aufhören, diese Spielsignale zu senden, und stattdessen mit dem eigenen Körper spielen (z. B. Schwanzjagen). Der Misserfolg kann sowohl in tatsächlich fehlenden Sozialpartnern als auch im Nichtreagieren des physisch anwesenden Sozialpartners begründet sein. Ignorieren Sie permanent die Spielaufforderung Ihres Welpen oder Hundes, wird er irgendwann damit aufhören, Sie zum Spiel einzuladen, und sich stattdessen andere Spielmöglichkeiten suchen bzw. beginnen, mit seinem eigenen Körper zu spielen. Im Extremfall und bei ungünstiger Vorgeschichte können Sie damit Verhaltensstereotypien etablieren.

Diese Australian-Shepherd-Welpen zögern noch, auf die Spieleinladung des Vaters einzugehen.

Einmal Dominanz und zurück

Nach Althaus (1982) beeinflussen Alter, Geschlecht, Rasse, Vertrautheit, Kondition (Spieldauer und Ernährungszustand) der Tiere, Rangordnung bzw. sozialer Status, Tageszeit, Wetter, Temperatur, die Größe, Vertrautheit und Strukturierung des Raums und das individuelle Temperament bzw. die Persönlichkeit das Spielverhalten. Diese Faktoren beeinflussen Spiel sowohl qualitativ, d. h. die Art der Spielform und den Aufbau der Sequenzen, als auch quantitativ, d. h. in der Dauer und Häufigkeit der Spielsequenzen.

Einfluss von Alter, Status und Rang auf das Hundespiel

Ein wichtiges Spielkriterium ist die Aufhebung der außerhalb des Spiels geltenden Konventionen, die einen Rollenwechsel ermöglich. Die 50 : 50-Regel besagt, dass jeder Spieler in gleichem Maße die Rolle von Verfolger-Verfolgtem und Angreifer-Verteidiger übernimmt. Dieser Rollenwechsel findet auch tatsächlich statt, im Welpenspiel (Ward u. a. 2008) und auf der Hundewiese (Bauer u. Smuts 2006) jedoch nicht

1—Vertraute Spielpartner: Pachito (8 Jahre) stoppt Rauhaardackelhündin Dorle (5 Monate) mit etwas zu rauem Über-den-Rücken-Beißen.
2—Dorle packt ihre „Welpen-Lizenz" aus.
3—Pachitos zeigt mit Pföteln und angedeuteter Spielverbeugung, dass er noch spielt und Dorle entspannt sich.

immer ausgewogen. In Wolfsfamilien spielen erwachsene Tiere zehn bis zwölf Mal seltener als Jungtiere, was weniger mit Rang, sondern mit Energieeinteilung aufgrund von Lebenserfahrung zusammenhängt (Bloch 2009). Nach Feddersen-Petersen hängt es von der individuellen Beziehung der Spieler ab, ob außerhalb des Spiels dominante Tiere „vielleicht kaum oder nie eine submissive Rolle spielen, was in anderen Dyaden (Zweierbeziehungen) nahezu die Regel sein kann" (Feddersen-Petersen 2008, S. 213). Wie an anderer Stelle bereits beschrieben, weisen ihre Studien darauf hin, dass im Spiel keine Rangkämpfe oder Kämpfe um Ressourcen ausgetragen werden.

Im Welpenspiel

Nach Untersuchungen von Ward u. a. (2008) ist Hundespiel zu keinem Zeitpunkt der Welpenentwicklung wirklich symmetrisch. Im Verlauf der Welpenentwicklung nimmt die Symmetrie im Spiel sogar ab. Es gibt eine Korrelation zwischen offensivem Verhalten und dem Anteil von Spielinitiierungen, die im Laufe der Entwicklung zunimmt. Ward u. a. (2008) vermuten die Ursache in der sich entwickelnden Wurfrangordnung.

Nach Scott und Fuller (1965) taucht konkurrierendes Verhalten zwischen Wurfgeschwistern erstmals mit drei Wochen

4—Mit ihren kurzen Dackelbeinen musste Dorle eine besondere Taktik für das Abwehren in Rückenlage entwickeln. Sie beißt Pachito ins Bein.

5—Dann knabbert sie an seiner Schulter.

6—Beide Spielpartner nehmen freiwillig Selbsthandicap-Positionen ein, in denen sie sich selbst behindern.

1—*Mundwinkellecken, hier, um die Reste der Mahlzeit abzulecken, soll im Spiel nur von rangniedrigen/jüngeren Tieren gezeigt werden.*
2—*Hier zeigen die Welpen submissives Mundwinkellecken gegenüber der Mutter.*

auf und die Dominanzbeziehungen sind mit elf Wochen stabil, wenn die Welpen zusammenbleiben.
Allerdings betont schon Aldis (1975), dass bei Canidenwelpen die Rangordnung nicht im Spiel etabliert wird. Auch neuere Untersuchungen (Wright 1980, Nightingale 1999, Hoskin 1991 nach Bradshaw 2007) bestreiten die frühere Etablierung einer Welpenrangordnung und beschreiben äußerst widersprüchliche „Dominanzbeziehungen" im Sozialspiel, die sich sogar täglich ändern können. Auch der Gewinn oder Verlust eines Spielkampfes um ein Spielzeug hat wenig Aussagekraft über die Dominanzbeziehung zwischen den Spielern. Es scheint eher so, dass im Alter von sechs Wochen der oberste und unterste Sozialrang bei den Welpen festgelegt ist, es dagegen in der sozialen Mittelschicht ständig Verschiebungen gibt (Zimen 1998 in Bloch 2009). Der soziale Status wirkt sich auf das Welpenspiel so aus, dass der „ranghöchste" und der „rangniedrigste" Welpe wenig spielen, während das Mittelfeld viel miteinander spielt (Gansloßer 2007).

Im Spiel von Junghunden

Beim heranwachsenden Junghund korreliert der Anteil der Spielinitiierungen ebenfalls mit dem Anteil von offensivem Verhalten. Ward ist der Meinung, dass dem Welpen bzw. dem Junghund mit zunehmendem Alter auch sein Status in der Gruppe bewusster wird. Das Spiel wird konkurrenzbetonter und das Gewinnen und die Übernahme der „dominanten" Rolle im Spiel werden wichtiger (Ward u. a. 2008). Das könnte ihrer Meinung nach ein Grund für die Bevorzugung von Spielpartnern sein, die im Spiel dominiert werden können, was erklärt, warum diese Spielpartnerpräferenz nicht reziprok, d. h. wechselseitig ist.

Im Spiel von erwachsenen Hunden

Auch im Spiel von erwachsenen Hunden auf der Hundewiese gibt es keine echte Symmetrie (Bauer u. Smuts 2006, Ward u. a. 2008). Die gleichen Autorinnen, die das Welpenspiel untersuchten, beschäftigten sich in einer anderen Untersuchung mit den Faktoren, die das Spiel erwachsener Hunde beeinflussen. Untersucht wurden 23 Hunde, die sich zum Spielen im Hundepark trafen, über einen Zeitraum von drei Jahren. Ein ausgewogenes Spiel wurde hier als Spiel definiert, in dem beide Spielpartner den gleichen Anteil an offensivem Verhalten (Attacken und Verfolgen), Spielsignalen und Selbsthandicapverhalten (inklusive Rollentausch) zeigten. Nur 5,4 % der beobachteten Spielbegegnungen waren in diesem Sinne tatsächlich ausgewogen. Jüngere Hunde zeigten mehr Selbsthandicap und mehr Spielsignale.

Die Studie weist auf einen Zusammenhang zwischen dem Alter, dem von den Autoren vermuteten Dominanzstatus und Spielverhalten hin: „... in der Weise, dass ältere oder/und ranghöhere Hunde generell höhere Anteile von Angriffen und Verfolgungen und geringere Anteile von Selbsthandicaps als ihre benachteiligten (unterlegenen) Spielpartner zeigten [...]. Zum Beispiel trat Rollentausch während Verfolgungsjagden und Angriffen auf, aber nie beim Aufreiten, bei Schnauzen-Bissen oder Schnauzen-Lecken, was nahe legt, dass diese Handlungsweisen unveränderliche Hinweise für formale Dominanz im Spiel von Haushunden sind.“ (Ward u. a. 2008, Bauer u. a. 2009) Die Autorinnen setzen dabei voraus, dass zwischen Hunden, die nicht verwandt sind, die nicht zusammenleben und sich nur auf der Hundewiese treffen, eine Rangordnung und Dominanzverhältnisse existieren. Die Autoren der Studie geben zwei Warnhinweise zu ihren Ergebnissen: (1) Dass nach eigener Beobachtung ältere Hunde sehr wohl ein höheres Maß an Selbsthandicapverhalten gegenüber Welpen zeigen, dies jedoch noch nicht untersucht wurde, und (2) dass sie keinen Weg gefunden haben, passives Selbsthandicapverhalten zu messen, wie z. B. in dem Fall, in dem der überlegene Partner sich zurücknimmt und den Spielpartner nur mit verminderter Kraft beißt, rempelt oder auf den Boden drückt.

Bloch beobachtete bei den Pizzahunden, dass die Rüden Ringo, Salvo und Bello, die „mit taktischen Winkelzügen und Statusbezogenheiten beschäftigt sind“, nie miteinander spielten (Bloch 2007). Auch diese Beobachtung widerspricht der Behauptung, dass Hunde im Spiel die Rangordnung und Statusfragen klären.

Geschlechterkampf bei Hunden – Spiel und Geschlecht

„Geschlechtsunterschiede im Spiel sind nicht das Resultat von direkter hormoneller Beeinflussung, sondern eines durch vorgeburtliches Testosteron modifizierten zentralen Nervensystems.“ (Fagen 1981, S. 55)

Bei vielen Arten beschäftigen sich männliche Säugetiere häufiger und rauer als weibliche Säugetiere mit Spielkämpfen. Spielerisches Sexualverhalten – wie z. B. das Aufreiten – wird bei Hunden von beiden Geschlechtern gezeigt, von Rüden allerdings häufiger. Nach Rosenblatt gibt es keine Unterschiede zwischen den Verhaltensmustern der Geschlechter im Spiel von Wölfen (Rosenblatt u. a. 1985). Lund, Bauer und Smuts ermittelten andere Ergebnisse für Hunde.

Eileen (vier Jahre) und Maverick (eineinhalb Jahre) ein Doggenpärchen, das zusammen lebt und spielt.

Geschlechtsunterschiede im Welpenspiel

Lund beobachtete beim Spiel männlicher Welpen mit anderen männlichen Welpen häufiger agonistische Elemente als bei weiblichen Welpen. Sowohl männliche als auch weibliche Welpen bevorzugten männliche Spielpartner für agonistisches Spiel (Lund 1998).

Ward, Bauer und Smuts (Ward u. a. 2008) fanden ebenfalls Unterschiede im Spiel von Hundewelpen. In gemischtgeschlechtlichen Dyaden wird das Spiel häufiger von männlichen Welpen initiiert. Weibliche Welpen bevorzugen früh Geschlechtsgenossen als Spielpartner, männliche erst ab der 23. Woche. In geschlechtsgemischten Dyaden zeigten männliche Welpen häufiger offensives Verhalten, aber auch häufiger Selbsthandicapverhalten. In gleichgeschlechtlichen Spielbegegnungen zeigen weibliche und männliche Welpen offensives Verhalten und Selbsthandicapverhalten ähnlich häufig. Weibliche Welpen zeigen offensives Verhalten in Spielbegegnungen gegenüber weiblichen und männlichen Welpen gleich häufig.

Ward, Bauer und Smuts folgern aus der Präferenz für gleichgeschlechtliche Spielpartner, dass Spiel als Vorbereitung für den Wettbewerb zwischen gleichgeschlechtlichen Hunden dient. Spiel dient damit als Training sowohl von Angriffs-Abwehr-Verhalten als auch von deeskalierendem Verhalten und sorgt damit für eine Ritualisierung der Aggression. Die frühe Bevorzugung von gleichgeschlechtlichen Spielpartnern bei weiblichen Welpen erklären Ward, Bauer und Smuts (2008) damit, dass Kämpfe zwischen Hündinnen im erwachsenen Alter zu ernsthafteren Verletzungen führen, als zwischen Rüden oder zwischen Rüden und Hündinnen. Eine frühzeitige Ritualisierung der Aggression im Welpenspiel ist zwischen Hündinnen deshalb besonders wichtig. Im Spielkampf üben Welpen demnach nicht das Kämpfen, sondern eher das Vermeiden von Verletzungen durch das Erweitern ihres Verhaltensrepertoires und das Ritualisieren aggressiver Auseinandersetzungen.

Geschlechtsunterschiede im Spiel erwachsener Hunde

Im Spiel von erwachsenen Hunden, die sich regelmäßig auf der Hundewiese begegnen, hat das Geschlecht keinen signifikanten Effekt auf den Spielstil in gemischtgeschlechtlichen Dyaden. Rüden initiierten in dieser Untersuchung allerdings zögerlicher Spiel mit Rüden, als Hündinnen mit Hündinnen und bestimmte Verhaltensweisen wie Aufreiten kamen in Spielen zwischen Rüden häufiger vor. Die Autorinnen (Ward u. a. 2008) schließen daraus, dass der Wettbewerbscharakter stärker vertreten ist, wenn zwei Rüden miteinander spielen und deshalb das gemeinsame Spiel zwischen einigen Rüden bewusst vermieden wird, um potenziellen Konfrontationen im Spiel vorzubeugen.

Maverick zeigt eine angedeutete Spielverbeugung und Kopfschleudern, während Eileen pfötelt.

Rassismus auf der Hundewiese – Spiel und Rasse

„Rassetypische Spielstile von Hunden folgen der Modifikation angeborener Verhaltensmuster (fixed action pattern), bezogen auf die rassespezifische Aufgabe wie das Jagen mit Menschen, das Bewachen der Herde für Menschen, Fährtensuche und anderes Suchverhalten, genauso wie Wach- und andere Schutzaufgaben.“ (Handelman 2008, S. 199)

Im Laufe der Domestikation hat der Mensch Hunde so selektiert, dass diese für bestimmte Aufgaben besonders gut einsetzbar sind. Das Ergebnis sind Hunderassen, die sich äußerlich stark voneinander unterscheiden und bei denen einige Verhaltensweisen aus dem Verhaltensrepertoire des Wolfes betont (hypertrophiert), andere nur noch abgeschwächt (hypotrophiert) auftreten.

Da viele Elemente im Spiel aus dem Jagdverhalten stammen, beeinflusst das veränderte Jagdverhalten auch das Spielverhalten der Hunde. Auf einen Zusammenhang zwischen Rasse und Verspieltheit deuten auch die umfangreichen Langzeituntersuchungen von Svartberg (2002) hin.

Züchterische Selektion und rassetypisches Spielverhalten

Hunderassen unterscheiden sich nicht nur im Erscheinungsbild, sondern grundsätzlich auch darin, ob sie für die Zusammenarbeit mit dem Menschen oder für eigenständiges Arbeiten selektiert wurden (Gácsi, Miklósi u. a. 2009). Hierzu schauen wir uns einige Beispiele an.

1—*Die Begegnung dieser beiden Dackelrüden bewegt sich im Graubereich zwischen Spiel und Aggression.*

2—*Länger andauernde Kämpfe in Hochstellung weisen auf echte aggressive Auseinandersetzungen hin.*

1

2

Dachshunde

Die kurzbeinigen Dackel als solitär arbeitende Jagdhunde werden zur Jagd auf Wild eingesetzt, das sich in unterirdische Höhlen zurückzieht, also am Dachs- oder Fuchsbau. Dabei „drücken" sie das Wild aus dem Bau oder überwältigen es eigenständig (Wachtel 2002). In einen Fuchsbau passt kein Mensch, und Dackel müssen daher in der Lage sein, eigenständige Entscheidungen zu treffen. Sie müssen sich dem wehrfähigen Fuchs oder Dachs entgegenstellen, was Mut und Unempfindlichkeit voraussetzt. Von einem Dackel würde man also immer eine gewisse Eigenständigkeit und Dickfelligkeit erwarten, was natürlich sein Sozialverhalten in Bezug auf andere Hunde und den Menschen beeinflusst. Dackel verfügen über das vollständige Beutefangverhalten, einschließlich des Tötens der Beute. Bei Dackelwelpen beobachtete Gottfried Vauk (1953) bereits mit 42 Tagen den vollständigen Ablauf der Beutefanghandlung inklusive Totschütteln. Meine Dackelhündin Dorle hat bereits im Alter von acht Wochen – noch beim Züchter – eine Eidechse gefangen, getötet und gefressen. Dackelspiele enthalten viele schnelle Attacken mit sofortigem Rückzug und viel Beißschütteln der Spielbeute. Meine Dackel lieben Buddelspiele und das Spiel mit höhlenähnlichen Verstecken, aus denen sie ihre Blitzangriffe starten und in die sie sich anschließend zurückziehen können.

1

2

1—*Mein „Schnösel" Dorle im frontalen Sprung auf meinen erwachsenen Mischling Pachito.*
2—*Das schnelle Vorstoßen ist typisch für meine Dackelhündin.*

Hütehunde betrachten die Herde als Beute. Geducktes Anschleichen und Fixieren ist Jagdverhalten.

Hütehunde

Hütehunde wie Border Collies sind für die Zusammenarbeit mit dem Menschen gezüchtet. Von ihnen erwartet man eher eine Empfänglichkeit für die Beeinflussung durch den Menschen. Sie wurden außerdem so selektiert, dass in ihrer Rasse bestimmte Sequenzen des Jagdverhaltens – das Packen und Töten – gar nicht oder nur sehr schwach ausgeprägt vorkommen. Dafür werden andere Sequenzen wie das geduckte Anschleichen und Fixieren (Eye) sehr ausgeprägt gezeigt. Hütehunde betrachten die Herde als Beutetiere und lenken sie durch den Einsatz dieser hypertrophierten Jagdverhaltenssequenzen. Viele Border Collies reagieren stark auf bewegte Objekte wie Bälle und lieben Spiele mit schnellen Bewegungen. Sie beziehen die hypertrophierten Jagdsequenzen wie Fixieren/Hüten in ihr Spiel ein und entwickeln als Welpen regelrechte Fixierspiele (Lambrich 2007).

Herdenschutzhunde

Herdenschutzhunde wie Kangals, Maremmanos oder Owtscharkas sind für andere Aufgaben als Hütehunde gezüchtet und werden mit der Tierart – z. B. Schafen – aufgezogen (sozialisiert), die sie schützen sollen. Sie betrachten die Herde nicht als Beute, sondern sich selbst als Teil der Herde. Sie bewachen die Herde und beschützen sie vor Gefahren wie Wölfen oder Bären. Ihre Alarm- und Abschreckaufgaben müssen sie ohne Aufforderung des Menschen ausführen. Sie unterbrechen die Jagdsequenz der Wölfe selbstständig, z. B. durch Imponierverhalten, Markieren und Bellen. Sie müssen aufmerksam beobachten und eigenständig Entscheidungen treffen. Sie handeln in Gefahrensituationen eher durch Abschreckung als durch Angriff und bewegen sich weniger als Hütehunde, weil sie das

Diese Estrellas warten darauf, wo der Dummy landet, um überflüssige Bewegungen zu vermeiden.

Verhalten der Herde nicht durch Fixieren oder Treiben beeinflussen sollen. Renn- oder Apportierspiele gehören deshalb nicht zu ihren Lieblingsspielen, eher Spielkämpfe, die groben Körperkontakt (Anschleichen, Abfangen, Rempeln) und Kräftemessen beinhalten (Treiber-Dörfler 2007).

Weitere rassetypische Spielformen

Feddersen-Petersen (1997, S. 255 und 2008, S. 215) weist darauf hin, dass die rassetypischen Verhaltensbesonderheiten und Motivationen bereits frühzeitig im Spiel sichtbar werden. So apportieren Labradors im objektbezogenen Sozialspiel gern und viel. Bei Terrierrassen ist im Rahmen von Kampf- und Beißspielen häufig schnelles Zupacken und Totschütteln sowohl von Spielobjekten als auch von Nacken oder Ohren der Wurfgeschwister zu beobachten. Barsois und andere Laufhunde entwickeln frühzeitig eine hohe Bewegungskoordination und Motivation für Rennspiele, die ihr Spiel dominieren, aber von anderen Rassen nur über kürzere Strecken mitgespielt werden. Bei Border Collies und anderen Hütehunden können sowohl im Sozial- als auch im Objektspiel die Elemente aus dem Jagdverhalten beobachtet werden, die das Hüteverhalten ausmachen, beispielsweise das Fixieren, Umkreisen, Hetzen und das Zwicken in die Hinterbeine.

Im Verfolgungsspiel sieht man Hunde, die als Verfolger den Hund, der die Beute spielt, in die Hinterläufe beißen (Stechen, Hamstringing). Gebissen wird in die Mitte der Hinterläufe bzw. oberhalb der Fußgelenke. Dieses Jagdverhalten, bei dem die Achillessehne des Beutetiers durchgebissen wird, kommt bei großen Beutetieren wegen der Gefährlichkeit allerdings selten vor. Vor allem Treibhunderassen oder Hütehunde zeigen diese Form des Spielbeißens in Rennspielen. Sie versuchen damit den Hund, der die Spielbeute spielt, zu beschleunigen oder seine Laufrichtung zu beeinflussen.

Mit einem Blick hält der Estrella den am Dummy interessierten Wolfsspitz auf Abstand.

Gründe für die rassespezifischen Unterschiede im Spielverhalten

Neben Größe, Wendigkeit, Schnelligkeit und Kraft, beeinflussen auch Fellbeschaffenheit, Ohr-, Schnauzen- und Gesichtsformen und die damit verbundenen Kommunikationsmöglichkeiten das Spiel. Auch die Erfolgsquoten bei der Spielaufforderung unterscheiden sich zwischen den Hunderassen deutlich, so beim Beagle 56 % (Bekoff 1974), beim Samojeden 50 % (Günter 2009), beim Border Collie 40 % (Heine 2000), beim American Staffordshire 32 % (Redlich 1998).

Morphologische Unterschiede

Bestimmte äußere Merkmale wie z. B. Schlappohren, starke Faltenbildung, langes oder gekräuseltes Haarkleid, Ringelrute, welpenhafte Gesichter usw. schränken die visuellen Kommunikationsmöglichkeiten betroffener Rassen ein. Verschiedene Forscher vermuten deshalb, dass bei solchen Rassen eine Verschiebung von der visuellen Kommunikation in Richtung olfaktorischer Kommunikation (Bradshaw & Nott 2007) oder akustischer Kommunikation (Feddersen-Petersen 2001, 2008) stattgefunden hat. Vergleichende Untersuchungen des Ausdrucksverhaltens von Welpen verschiedener Rassen weisen darauf hin, dass diese Verschiebung nicht angeboren, sondern gelernt sein könnte (Bradshaw & Nott 2007). Es gibt Hinweise darauf, dass Hunde fehlende visuelle Ausdrucksmöglichkeiten durch andere Kommunikationsformen kompensieren. So fand Feddersen-Petersen beim Bullterrier eine sehr viel differenziertere akustische Kommunikation als bei anderen Rassen.

Es gibt Rassen mit einem schmalgliedrigen Körperbau, z. B. Windhundrassen, und andere mit einem grobschlächtigen Körperbau, z. B. Molosserrassen. Der zweite Hundetyp lernt, dass er seinen Körper im Spiel gut einsetzen kann, um andere Hunde aus dem Gleichgewicht zu bringen, sie umzurennen und anzurempeln, wohingegen der erste Hundetyp lernt, dass er schnell und wendig ist, und dieses Verhalten im Spiel verstärkt zeigt.

Miklósi (2009) weist darauf hin, dass bei Hunden auch die Ausgeprägtheit der Verspieltheit selbst rasseabhängig ist. So fand Bekoff (1974) heraus, dass Beagle mehr spielen als Wölfe, Feddersen-Petersen (2001) jedoch, dass Pudel weniger spielen als Wölfe im gleichen Alter. Miklósi berichtet sowohl von rassebedingten unterschiedlichen Spielmustern als auch von unterschiedlichen Spielsignalen, die unterschiedliche Rassen einsetzen. Erik Zimen (1982, S. 224ff) hat festgestellt, dass bei den von ihm untersuchten Pudeln 23 % der 363 für den Wolf notierten Verhaltensweisen in veränderter Form auftreten. Zu diesen Verhaltensweisen gehört auch das Spielverhalten.

Rassetypische Verhaltensentwicklung

Die Verhaltensunterschiede bei Hunderassen sind nicht genetische Unterschiede im Sinne einer unterschiedlichen Anzahl oder Anordnung der Gene. Die Unterschiede zwischen Hunden unterschiedlicher Rassen beruhen auf geringfügigen Differenzen in der Aktivierung, Quantität/Rate und Deaktivierung bestimmter Gene im Verlauf ihrer Entwicklung (Coppinger u. a. 1996).

Ein Husky verfügt beispielsweise in der 2. Lebenswoche bereits über 54 % seines Verhaltensinventars, der Labrador Retriever erst über 28 %.

Die Unterschiede zwischen den Rassen werden sehr deutlich, wenn man vergleicht, welche Verhaltensweisen bei welchen Rassen zu welchem Zeitpunkt erstmals auftreten. Nach Coppinger (2003) tritt z. B. das Fixieren-Anpirschen-Hetzen beim Border Collie zwischen der 8. und 16. Woche auf, beim Herdenschutzhund – wenn es überhaupt auftritt – erst nach dem 6. Monat.

	Beißspiel	Kampfspiel	Verfolgungs-spiel	Spiel-verbeugung	Quelle
Wolf	20. Tag	25. Tag	31. Tag	33. Tag	Feddersen-Petersen, 2001
Husky	11. Tag	13. Tag	16. Tag	16. Tag	Althaus, 1982
Border Collie	15. Tag	18. Tag	28. Tag	19. Tag	Heine, 2000
Beagle	15. Tag	-	34. Tag	18. Tag	Venzl, 1990
Weimaraner	15. Tag	18. Tag	30. Tag	22. Tag	Dürre, 1994
Samojede	17. Tag	21. Tag	34. Tag	26. Tag	Günter, 2009
Deutscher Schäferhund	21. Tag	26. Tag	29. Tag	26. Tag	Feddersen-Petersen, 2001
Labrador Retriever	29. Tag	29. Tag	33. Tag	19. Tag	Feddersen-Petersen, 2001
Golden Retriever	20. Tag	20. Tag	30. Tag	16. Tag	Feddersen-Petersen, 2001
American Staffordshire	17. Tag	19. Tag	32. Tag	25. Tag	Redlich, 1998
Großpudel	23. Tag	42. Tag	42. Tag	24. Tag	Feddersen-Petersen, 2001
Zwergpudel	20. Tag	45. Tag	35. Tag	26. Tag	Feddersen-Petersen, 2001

Da Spielverhalten immer auch von der körperlichen Entwicklung abhängt, machen sich Entwicklungsunterschiede auch im Spielverhalten bemerkbar.
Als Funktionskreis bezeichnet man eine Kategorie von Verhaltensweisen, die eine ähnliche Funktion haben. Die unterschiedlichen Hunderassen zeigen entsprechend ihrer Selektion einige Verhaltensweisen früher oder später als Wölfe, was Feddersen-Petersen und Miklósi als „Mosaikvererbung" bezeichnen. Huskys zeigen beispielsweise eine beschleunigte Entwicklung im Funktionskreis Lokomotion und Position. Sie können sich früher koordinierter bewegen als Wölfe oder andere Hunderassen. Labrador und Golden Retriever dagegen zeigen besonders früh (und besonders häufig) Verhaltensweisen der olfaktorischen Orientierung, haben aber eine verzögerte Entwicklung was ihre körperliche Beweglichkeit und Bewegungskoordination angeht (Feddersen-Petersen 2001).
Diese unterschiedliche Entwicklung wirkt sich natürlich auf das erste Auftreten der verschiedenen Spielformen aus. In der Tabelle oben ist das erste Auftreten typischer Spielformen für einige Beispielrassen (vgl. Feddersen-Petersen 2001, Günter 2009) aufgelistet.

Es gibt Korrelationen zwischen rassespezifisch früh auftretenden Verhaltensweisen und -präferenzen. Mit anderen Worten: Huskys haben ein großes Bewegungsbedürfnis, sie lieben es zu rennen, und die meisten Retriever lieben Beschäftigungen, bei denen sie ihre Nase einsetzen können. Zusätzlich zum vertraut erscheinenden Äußeren begründen diese Verhaltensvorlieben, dass in Hundespielgruppen bevorzugt Hunde der eigenen oder einer ähnlichen Rasse als Spielpartner gewählt werden. „Bei gemischten Gruppierungen mit mehr als einem Individuum pro Rasse, kommt es letztlich zu den Spielen zwischen Angehörigen einer Rasse, weil so den speziellen Fertigkeiten mit großer Funktionslust nachgegangen werden kann." (Feddersen-Petersen 2008, S. 215)

Neurobiologische Unterschiede

Die künstliche Selektion des Menschen führte zu einem verschiedenartigen Erscheinungsbild und zu unterschiedlichen Verhaltensweisen bei Hunderassen. Sie führte auch zu neurobiologischen Unterschieden (Arons & Shoemaker 1992). Die äußeren Merkmale der Hunderassen korrelieren mit bestimmten Mustern in Ausschüttung und Qualität von Neurotransmittern. Sie führen zu einem relativ niedrigen Dopaminspiegel bei Herdenschutzhunden und einem hohen Dopaminspiegel bei Hütehunden. Zusätzlich führen fehlende Transmitter (z. B. Dopamin, Noradrenalin) in bestimmten Bereichen des Gehirns zu einer verminderten Reaktion auf die Reize, die von diesem Gehirnbereich verarbeitet werden. Dies erklärt den

Kein Spiel, sondern Jagdverhalten: Der zehn Wochen alte Border-Collie-Welpe Arden hütet Schafe.

unterschiedlichen Erregungsgrad und Aktivitätslevel dieser Rassen.
Arons und Shoemaker (1992) untersuchten die unterschiedliche Verbreitung verschiedener Neurotransmitter bzw. Hormone wie Dopamin, Adrenalin und Noradrenalin bei verschiedenen Hunderassen und die daraus resultierenden möglichen Auswirkungen auf deren Verhalten. Border Collies als Vertreter der Hütehunde wiesen einen besonders hohen Level von Noradrenalin in verschiedenen Gehirnteilen auf. Der jugoslawische Shar Planinetz, als Vertreter der Herdenschutzhunderassen, wies dagegen einen niedrigen Dopaminlevel auf. Zusätzlich fielen Korrelationen mit bestimmten Verhaltenssequenzen im Beutefangverhalten auf. Wenig Dopamin und Noradrenalin korrelierten mit niedrigem Level der Endhandlungen der Beutefangsequenz und einem „eher verspielteren" Verhalten gegenüber Beutetieren (Mäusen). Sowohl beim Border Collie als auch beim Herdenschutzhund

starben die Mäuse nicht durch einen Tötungsbiss, sondern kamen durch ein zu raues Spiel zu Tode.
„Das spezifische Verhalten eines Border Collies, eines Vorstehhundes oder eines Apportierhundes hängt davon ab, wie viele Neurotransmitter sie wo im Gehirn haben, und das ist wiederum zum Teil ein genetisches Merkmal einer Rasse." (Coppinger 2003, S. 212)

Unterschiedliches Jagdverhalten – unterschiedliches Spielverhalten

Wenn Wölfe jagen, folgen sie dabei einem bestimmten Verhaltensmuster, d. h. sie zeigen als Jagdsequenz eine bestimmte Reihenfolge von Verhaltensweisen: Orten – Fixieren – Anpirschen – Hetzen – Packen – Töten – Zerreißen – Fressen. Durch den züchterischen Einfluss wurden bei den verschiedenen Hunderassen bestimmte Elemente dieser Jagdsequenz betont, andere abgeschwächt. Die betonten Elemente treten auch als Bestandteil des Spielverhaltens der betreffenden Hunderasse auf.
Zu einem bestimmten Zeitpunkt der Ontogenese tritt eine angeborene Verhaltensweise erstmals auf. Wann, wie häufig, in welcher Intensität und in welchem Rahmen diese Verhaltensweise zukünftig gezeigt wird, hängt bei vielen Verhaltensweisen von der Reaktion des sozialen Umfeldes ab. Ob und wie häufig ein bestimmtes rassetypisch betontes Verhaltenselement (wie z. B. Fixieren und Anschleichen beim Border Collie) im Spiel auftritt, hängt davon ab, ob es bereits vor oder während der Sozialisierungsphase zum ersten Mal auftritt und wie die Umgebung darauf reagiert. Entscheidend dabei ist, ob die rassespezifische Verhaltenssequenz früh genug auftritt, um in das Sozialspielverhalten integriert zu werden oder nicht.
Je nach Zuchtziel sind gerade bei den Gebrauchshunderassen Elemente aus „‚wölfischen' Handlungsketten in typischer Qualität und Häufigkeit, unterschiedlich kombiniert mit verschiedensten Verhaltenselementen, sehr früh in der Ontogenese ‚wiederzufinden'" (Feddersen-Petersen 1997, S. 255f). In der Tabelle finden Sie einige Beispiele der abgeänderten Jagdsequenzen bei verschiedenen Hunderassen im Vergleich zur vollständigen Jagdsequenz des Wolfes (nach Coppinger 2003).
„Bei Hüte- und Vorstehhunden fällt das Einsetzen des Jagdverhaltens mit einer kritischen Phase der Sozialentwicklung zusammen." (Coppinger 2003, S. 220)
Die betonten Jagdelemente Fixieren und Anpirschen treten beim Border Collie

Wolf	Orten	Fixieren	Anpirschen	Hetzen	Packen	Töten	Zerreißen	Fressen
Hütehund	Orten	Fixieren	Anpirschen	Hetzen			Zerreißen	Fressen
Retriever	Orten			Hetzen	Packen			Fressen
Pointer	Orten	Fixieren	Anpirschen		Packen			Fressen
Herdenschutzhund								Fressen

und Vorstehhund in der Sozialisierungsphase auf und können nach Coppinger in das Repertoire des Sozialverhaltens aufgenommen werden, während sie – wenn überhaupt – beim Herdenschutzhund erst nach Abschluss der Sozialentwicklung auftreten. Coppinger betont, dass die abgeschwächten Elemente der Jagdsequenz nicht unbedingt komplett fehlen, sondern dass sie „schlummern", bei Herdenschutzhunden aber nicht von der Tierart ausgelöst werden, die sie bewachen, weil sie auf diese sozialisiert wurden.
Herdenschutzhunde betrachten diese Tierart nicht mehr als Beute, sondern als Pseudoartgenossen und zeigen ihnen gegenüber arttypische Verhaltensweisen wie z. B. Spieleinladungssignale.

Der fünf Monate alte Border Collie Black Pearl spielt nicht, sondern hütet die anderen Welpen.

Rassespezifisches Spielverhalten am Beispiel des Border Collies

Der Border Collie ist eine Hunderasse, bei der die züchterische Selektion zu einer Betonung der Jagdverhaltenselemente Fixieren und Anpirschen geführt hat. Das beeinflusst die Verhaltensentwicklung und zusammen mit der Haltungsform auch das Spielverhalten.

Entwicklung rassespezifischen Spielverhaltens

Im Rahmen der Mosaikvererbung entwickeln sich beim Border Collie 4/5 der Verhaltensweisen schneller als beim Wolf, 1/5 jedoch langsamer. Beschleunigt sind Verhaltensweisen aus den Funktionskreisen Lokomotion/Position und Orientierungsverhalten (Heine 2000, S. 118 – 119). Die rassespezifisch betonten Elemente des Jagdverhaltens – Fixieren und Anpirschen – tauchen bei Border-Collie-Welpen bereits ab der 4. Woche (Heine 2000) auf. Der Border Collie steht, liegt oder läuft in geduckter Haltung mit gesenktem Kopf und in einem bestimmten Abstand zum fixierten Objekt. Dieses Verhalten wird im Spielkontext gegenüber Wurfgeschwistern und gegenüber Spielzeug gezeigt. Bis zur 20. Lebenswoche wird die Präferenz für das bevorzugte Zielobjekt des Hütens festgelegt. Border Collies hüten lieber sich bewegende als leblose Objekte, wobei Herdentiere, andere Tiere und Menschen und unbelebte Objekte in absteigender Präferenz bevorzugt werden (Lambrich 2007). Das rassetypische Fixieren wird bei Border Collies auch durch Spielzeug, Katzen und andere Hunde ausgelöst (Meermann 2009) und führt bei letzteren u. U. zu Missverständnissen.

Hüteverhalten kann Missverständnisse hervorrufen, so zeigt der Welpe vorn im Bild Stresszeichen.

Einfluss der Haltungsform

Border Collies, die als Familienhunde oder Sporthunde gehalten werden, spielen im Vergleich häufiger solitäre und soziale Objektspiele mit Spielfixieren, spielerischem Abbeißen und Spieltragen. Als Hütehunde gehaltene Border Collies spielen dagegen häufiger Sozialspiele ohne Objektbezug also z. B. Verfolgungs- und Kampfspiele mit Aufforderungslaufen, Fortlaufen und spielerischem Vorstoßen als häufigsten Spielbewegungen. Als Hütehunde gehaltene Border Collies zeigen insgesamt höhere Anteile von Erkundungsverhalten und Sozialspiel (Lambrich 2007).

Gefahr rassetypischer Verhaltensfixierung

Im objektbezogenen Sozialspiel mit Menschen beobachtete Lambrich bei einigen Border Collies zunehmend monoton werdende „Werf-Apportier-Spiele“, die in zwanghaftes Jagd- oder Hüteverhalten übergingen. Diese Spiele konditionieren das Beutefang- bzw. Hüteverhalten durch „Hinterherlaufen“ und „Einfangen“. Sie sind für den Hund äußerst lustbetont und selbstbelohnend. Feddersen-Petersen nennt das Ergebnis „Motivationsenge“: Der Hund richtet seine gesamte Aufmerksamkeit auf das Spielobjekt und das Hinterherlaufen. Die hypertrophierten Jagdsequenzen laufen als feste Handlungsfolge ab, was

Dieser Border Collie hütet Schafe, andere Border Collies zeigen ähnliches Verhalten im Ballspiel.

das Spielverhalten unflexibel macht. Andere hundetypische Verhaltensweisen wie die Erkundung der Umwelt und die Kommunikation mit anderen Hunden und Menschen entfallen zunehmend. Übergänge zu stereotypem Verhalten – wie exzessives Ballspiel mit Übergang zu zwanghaftem Hüten – sind dabei nicht ausgeschlossen (Lambrich 2007, Feddersen-Petersen 2008).
Um dieser Gefahr entgegenzuwirken, sollte möglichst abwechslungsreich ohne starre Abläufe gespielt werden. Statt monotoner Ballspiele können viele unterschiedliche Spiele wie Verstecken, Fährten, abwechslungsreiche Apportierspiele an möglichst unterschiedlichen Orten und unter immer anderen Bedingungen und mit verschiedenen Spielobjekten oder ohne Spielzeug durchgeführt werden. Im Sozialspiel sollte die Interaktion mit dem Menschen oder anderen Hunden im Vordergrund stehen und nicht ein Spielobjekt.

Gefahr von Kommunikationsproblemen

Rassespezifische Verhaltensweisen wie das Spielfixieren können zu Missverständnissen führen, weil sie von anderen Rassen als agonistisches Verhalten und nicht als Spielverhalten interpretiert werden. Bei einer Befragung von Border-Collie- und Australian-Shepherd-Haltern gaben mehr als ein Viertel der Besitzer an, dass andere Hunde bei ihrem Hund häufig Blickfixieren auslösen (Meermann 2009). Dabei wurden 43,1 % der Border Collies bezüglich des Blickfixierens als auffällig eingestuft. Fixieren ist bei Hunden auch Bestandteil der agonistischen Kommunikation. Bei einem Teil der Hütehunde lösen andere Hunde nichtspielerisches Jagdverhalten, wie Hetzen oder Nachlaufen aus. Über 10 % der Hütehunde hatte Probleme mit anderen Hunden, weil ihre Spielabsicht nicht erkannt wurde (Meermann 2009).
Welpen der betroffenen Rassen müssen im Sozialspiel lernen, ihre rassetypischen Verhaltensvorlieben mit entsprechenden Spielsignalen zu kombinieren, um damit ihre Spielabsicht eindeutig zu kommunizieren.

Kontakte zu anderen Rassen sind wichtig

Für alle Hunderassen ist die Teilnahme an rassegemischten Welpengruppen wichtig, um Fehlprägungen zu vermeiden und nicht nur Angehörige der eigenen Rasse als Artgenossen zu erkennen. Für Hunderassen mit ausgeprägten rassetypischen Spielverhaltenssequenzen ist der Kontakt mit vielen verschiedenen Rassen besonders wichtig, um Kommunikationsproblemen vorzubeugen.

Warum spielen Hunde? Kosten und Nutzen des Hundespiels

Was Hunde zu Spielern macht

Was „richtig" und was „falsch" ist, wenn interagiert wird, kann am besten und schonendsten unter dem „Schutz" des Spiels und dessen besonderer Atmosphäre gelernt werden.

MARC BEKOFF

Um ehrlich zu sein, so genau kann die Frage, welche Funktion Spiel hat, immer noch niemand beantworten. Wenn man junge Hunde beim Spielen beobachtet, ist man versucht zu sagen: „Ist doch ganz klar, sie üben das, was sie im späteren Leben brauchen, z. B. Jagd, Konkurrenz um und Verteidigung von Beute/ Territorium und Sexualpartner." Nicht immer hält eine solch oberflächliche Betrachtungsweise wissenschaftlicher Überprüfung stand. Und mancher so augenfällige Nutzen von Spiel ist vielleicht nichts als ein, wenn auch willkommener, Nebeneffekt des Spiels.

Damit es in einer Spezies zum Spiel kommt, müssen bestimmte Kriterien erfüllt sein. Spielende Tiere haben eine relativ lange Kindheit, in der sie von den Eltern beschützt und mit Nahrung versorgt werden. Es scheint auch Wechselwirkungen zwischen Gehirngröße, Geselligkeit, Verhaltensflexibilität und Spiel zu geben.

Verfolgungsspiele erfordern schnelle Reaktionen und fördern so die Verhaltensflexibilität.

Spiel und Gehirn

Es gibt einen Zusammenhang zwischen Gehirngröße und Spiel, der aber nicht einfach darin besteht, dass Tiere mit größeren Gehirnen mehr spielen. Es ist eher so, dass die „Spieler" einen relativ großen und komplexen Neocortex besitzen. Diesen stammesgeschichtlich jüngsten Teil der Großhirnrinde besitzen nur Säugetiere (bei spielenden Vögeln übernehmen andere Gehirnteile diese Aufgabe). Außerdem korreliert bei „Spielern" die Gehirngröße mit der Verhaltenskomplexität, besonders mit gelerntem Verhalten. Mit anderen Worten: Es gibt einen Zusammenhang zwischen Spiel und dem Verhaltensanteil, der nicht angeboren, sondern an die spezielle Umweltsituation angepasst,

also gelernt werden muss. Je komplexer das Verhalten eines Tieres, desto größer ist die von Spiel dominierte Jugendphase. Die Größe von Mandelkern und Kleinhirn beeinflussen, wie Tiere spielen. „Spiel kann die erste Gelegenheit für ein Jungtier sein, sich mit der mentalen Gymnastik zu beschäftigen, die wir Kognition nennen." (Siviy 1998, S. 237)

Spiel und Geselligkeit

Bei Caniden gibt es Abstufungen in der Geselligkeit. Die weniger geselligen Füchse, Schakale und Kojoten spielen weniger, beginnen später und hören früher auf zu spielen als die sozial lebenden Wölfe oder die domestizierten Hunde. Bei Goldschakalen ist bis zum 3. Monat Solitärspiel die häufigste Spielform; bei Wölfen und Hunden ist dies in jeder Phase der Entwicklung das Sozialspiel (Feddersen-Petersen 2001). Bei Kojoten finden Spielkämpfe nach der Festlegung der Rangordnung statt, bei Wölfen und Hunden davor. Bei den sozialeren Wölfen und Hunden ist ein höherer Anteil der Spielaufforderungen erfolgreich als bei Kojoten (Bekoff 1974). All diese Tatsachen weisen darauf hin, dass Spiel in irgendeiner Form „sozial" nützlich sein muss. Aber in welcher Form genau ist noch unbekannt.

Spiel und Verhaltensflexibilität

Das Leben von viel spielenden Tieren ist durch häufige Bewegung in wechselndem Terrain, flexibles Verhalten sowie durch Kooperation und Konkurrenz mit vertrauten Artgenossen gekennzeichnet. Tierarten, auf die all diese Kriterien zutreffen, spielen häufig sogar als Erwachsene. Daraus folgern Verhaltensforscher, dass Spiel die Fähigkeiten und Flexibilitäten ausbildet, die für die Anpassung an diese wechselnden Lebensbedingungen nötig sind (Fagen 1981).

Die Kosten des Spiels

Wenn junge Tiere spielen, tun sie das mit vollem Einsatz. Die Konzentration auf den Spielpartner, aber auch das spielerische Verhalten selbst, fordert Energie, verbraucht Zeit und beinhaltet Gefahren. Diese Zeit und Energie stehen für andere Aktivitäten wie die Nahrungssuche nicht mehr zur Verfügung. Durch Spiel hat das Tier außerdem einen größeren Nahrungsbedarf. Tiere, denen Futter entzogen wird, oder für die es nur schwer erreichbar ist, reduzieren ihr Sozialspiel stark (Baldwin u. a. 1976). Wie hoch der Energieverbrauch beim Spiel von Hundewelpen tatsächlich ist, ist unklar. Martin und Caro haben den Energieverbrauch von Katzenwelpen mit lediglich 3 % berechnet. Allgemein wird der Energieverbrauch im Tierspiel auf 3 bis 5 % geschätzt (Fagen 1981). In der natürlichen Umgebung birgt Spiel auch Risiken. Durch Spiel könnten Raubfeinde auf die Tiere aufmerksam werden, ein Spielkampf kann in eine echte Auseinandersetzung eskalieren, bei zu rauem Spiel besteht Verletzungsgefahr. Spiel muss Nutzen für Überleben oder Fortpflanzung liefern, sonst hätte der evolutionäre Selektionsdruck das Verhalten beseitigt.

Übertriebene Bewegungen, Konzentration und schnelle Reaktion auf den Spielpartner kosten Energie.

Der Nutzen von Spiel

Auch wenn Spiel nur relativ geringe Kosten hat, kann es trotzdem einen hohen Nutzen haben. Nach Panksepp (1978) haben sich Gefühle entwickelt, um auf Ereignisse flexibel reagieren und diese aufgrund von Lernerfahrung besser beurteilen zu können. Ereignisse, die wichtig für das Überleben und die Fitness sind (Fressen, Sex, Sozialkontakte), lösen positive Gefühle aus. Ereignisse, die negativ für Fitness und Überleben sind (Trennung, Bedrohung, Überforderung), lösen negative Gefühle aus. Spiel löst immer positive Gefühle aus, müsste demnach eine gewisse Bedeutung für die Fitness eines Tieres haben. Für die Bedeutung des Spiels bei Hunden spricht auch die Tatsache, dass es mit der Spielverbeugung ein genetisch fixiertes Spielsignal gibt.

Spiel hat Einfluss auf erwachsenes Verhalten

Studien mit Nagetieren, die Variable wie Wurfgröße, Geschlechtsanteile, Gewicht und die Ernährungssituation manipulierten, zeigten, dass unterschiedliches Spielkampfverhalten bei Welpen nicht nur mit unterschiedlichem erwachsenen Verhalten korreliert, sondern dies tatsächlich mit verursacht. Zu diesen erwachsenen Verhaltensbereichen gehört Aggressivität, Sexualverhalten, mütterliche Fürsorge sowie hormonelle, neurochemische Reaktionen und Verhaltensreaktionen auf Stress und neue Situationen (Ward, Bauer & Smuts 2008).

Spiel bringt Überlebensvorteile

Mark Bekoff (2001) hat bei seinen Langzeitstudien von Kojoten beobachtet, dass Kojoten, die unfair spielten, Schwierigkeiten hatten, Spielpartner zu finden. Deshalb formten sie weniger bzw. weniger intensive Beziehungen zu ihren Rudelmitgliedern und verließen ihr Rudel häufiger als ihre viel spielenden Wurfgeschwister. Die Überlebensrate der Jährlinge, die das Rudel verließen, lag bei 20 %, die der im Rudel verbleibenden Geschwister bei 55 %. Diese Langzeitbeobachtungen sprechen für einen konkreten Überlebensvorteil, den Spiel durch die längere Verweildauer im Rudel den Vielspielern verschafft.

Funktionen des Spiels beim Welpen

So wie das Spiel zwischen verschiedenen Spezies unterschiedliche Funktionen haben kann, kann es auch in einer Spezies in der Kindheit, Jugend und im Erwachsenenalter, unterschiedliche Funktionen haben. Schauen wir uns zunächst die möglichen Funktionen des Spiels für Welpen an.

Spiel und Gehirnentwicklung

Byers und Walker (1998) suchten vergebens nach altersabhängigen und dauerhaften Trainingseffekten, um die biologische Funktion des Spiels zu ergründen. Was sie jedoch fanden, waren zwei Korrelationen. Es gibt zeitliche Übereinstimmungen zwischen bestimmten Entwicklungsphasen im Kleinhirn, zwischen der Ausdifferenzierung bestimmter Nervenfasertypen und Spielhöhepunkten bei Säugetieren.
Mit anderen Worten, in der Entwicklung von Welpen verlaufen die Phasen, in denen besonders viel gespielt wird, parallel zu den Phasen intensiver Vernetzungen im Gehirn, die den sensitiven Phasen entsprechen. Der Nutzen von Spiel liegt dabei sowohl in einer Veränderung der neuronalen Strukturen, d. h. im Ansteigen der Rezeptorenzahl, wie auch in deren verbesserter Funktion, d. h. in einer erhöhten Sensitivität der Rezeptoren (Byers 1998).
Raues, körperbetontes Spiel steigt bei Säugetieren in einem charakteristischen Verlauf – einer umgekehrten U-Kurve – während der frühen juvenilen Phase an, bleibt während der Jugend stabil und nimmt mit der Pubertät ab (Pellegrini 2006). Dies steht in Zusammenhang mit verschiedenen Aspekten der Gehirnreifung und neurochemischen Verschiebungen während der Welpenentwicklung. Zwischen der 12. und 14. Woche findet beispielsweise eine starke Verknüpfung der Netzbahnen im Gehirn statt und es gibt parallel eine Spitze im Spielverhalten.
Das Gehirn eines Hundewelpen stellt bei der Geburt ein Überangebot von Synapsen zur Verfügung, die im Laufe der Entwicklung reduziert werden. Nicht eingesetzte und damit nicht benötigte Synapsen verkümmern. Durch die vielfältigen Bewegungen im Spiel erzeugen Welpen die Hirnverknüpfungen für eine spätere effektive Bewegungssteuerung. Mit ihrem Spiel und der damit verbundenen gezielten Ausdünnung der Synapsen formen die Welpen so ihr Gehirn und sorgen damit für eine verbesserte Feinmotorik.
Neben dem Einfluss des Spiels auf die Verknüpfungsstruktur im Gehirn scheint Spiel auch Einfluss auf die elektrische Leitfähigkeit dieser Verknüpfungen zu haben. Verantwortlich für die Leitfähigkeit, d. h. die Schnelligkeit, mit der die elektrischen Impulse im Gehirn weitergeleitet werden, ist eine Myelinhülle, in die die Nervenzellen eingehüllt sind. Diese Myelinscheide entwickelt sich in den ersten Lebenswochen und wächst schneller, wenn viel gespielt wird (Feddersen-Petersen u. a. 2001).
Bekoff (2001 a) vermutet, dass die Spielerfahrung junger Tiere nicht nur die Gehirnareale formt, die für Feinmotorik und körpersensorische Wahrnehmung zuständig sind, sondern auch die Gehirnbereiche beeinflusst, die für Emotionalität und Einfühlung zuständig sind. Spielerfahrungen wirken sich eben immer auf Körper und Geist aus.
Raues, körperbetontes Spiel ist eng verknüpft mit körpersensorischen Informationsprozessen im Mittelhirn, Thalamus und Cortex. Ratten, die nicht spielen durften, hatten einen deutlich unterentwickelten präfrontalen Cortex. Der präfrontale Cortext ist mit dem

limbischen System verbunden, das neue Reize emotional bewertet. Der präfrontale Cortex speichert die emotional gefärbten neuen Reize im Gedächtnis und koordiniert das davon abhängige weitere Verhalten. Der präfrontale Cortex wirkt damit als Kontrollzentrum für angemessenes Verhalten. Er ist für die Impulskontrolle/Frustrationstoleranz und damit die Sozialkompetenz eines Tieres, insbesondere für Empathie, also die Fähigkeit, sich in andere einzufühlen (Pellis 2004), zuständig. Gerade das Sozialspiel erfordert eine ständige Einschätzung des Spielpartners und die Auswahl eigener, dazu passender Verhaltensweisen. Dadurch formt sich im Spiel ein immer differenzierteres Gehirn, das nun wiederum ein immer differenzierteres Spiel- und Sozialverhalten auch außerhalb des Spiels ermöglicht: Spiel formt Gehirn und Gehirn formt Spiel.

Sozialspiel inklusive spielerischer Kämpfe mit Körperkontakt sind deshalb enorm wichtig für die Reifung verschiedener Gehirnbereiche eines Welpen, damit er später als erwachsener Hund gelassen und flexibel auf neue Situationen reagieren kann, ohne dass sein Stress-Reaktionssystem überreagiert. „[...] sind Entwicklung von Nervenverknüpfungen im Kleinhirn sowie Differenzierung von Muskelfasertypen, die wahrscheinlichsten Hauptfunktionen. Dann kommt das ‚Zurechtstutzen und Auslichten' der Nervenverbindungen im Gehirn allgemein, denn jeder Spieltyp hat offenbar dann seinen Höhepunkt erreicht, wenn die entsprechende Hirnregion ihre größte neuronale Plastizität aufweist. Dadurch würde Spiel eben vor allem der Bewegungskoordination, sei es Nahrungserwerb, Sozialverhalten, Fortbewegung oder Ähnliches, dienen." (Gansloßer 2007, S. 233)

Differenziertes Spiel und differenzierte Gehirnentwicklung stehen in einer Wechselbeziehung.

Spiel als motorisches Training

Neben dem vermuteten Langzeitnutzen für den erwachsenen Hund hat Spiel auch unmittelbaren sofortigen Nutzen, z. B. für den Aufbau von Kraft und Ausdauer. Spiel wirkt sich auf Knochen, Muskeln, Sehnen, Gelenke, Lunge und Herz positiv aus und verbessert dadurch die Leistungsfähigkeit und körperliche Kondition (Feddersen-Petersen 2008). Häufige Wiederholungen machen das Verhalten ökonomischer, denn Spiel ist auch Training schneller motorischer Bewegungsabläufe. In Kampfspielen können Welpen die eigenen Kräfte und die eigene Geschicklichkeit messen und weiterentwickeln, ohne dass sie bei Fehlern ernsthafte Konsequenzen befürchten müssen.

Nach Fagen sind Spielsequenzen häufig so aufgebaut, dass sie einem optimalen Trainingsaufbau entsprechen, das „Üben" anstrengender Verhaltensabläufe enthält sowohl Unterbrechungen als auch Wiederholungen. In den Phasen, in denen ein bestimmtes Spielverhalten unterbrochen wird, werden andere, weniger anstrengende Spiel-Verhaltensweisen beobachtet (Fagen 1981, S. 296). Für einen optimalen Trainingsaufbau gibt es drei verschiedene Arten von Übungen: Kurze anstrengende – leicht überfordernde – Einheiten mit maximaler Muskelkontraktion. Etwas längere Einheiten (1 bis 3 Minuten) für die Ausdauer und längere Einheiten (mehrere Minuten) mit geringerer Intensität.

Im Spiel zeigen Tiere diese drei unterschiedlichen Einheiten. Zur ersten Sorte gehören Verhaltensweisen wie Ziehen, Springen, Stoßen, Drücken, Zerren, Beißen, Rempeln usw. die kurz aber mit vollem Körpereinsatz ausgeführt werden, gefolgt von Ruhepausen. Zur zweiten Sorte gehören die gleichen Verhaltensweisen, die etwas länger, mit weniger Intensität durchgeführt werden. Zur dritten Sorte gehören Verhaltensweisen, die im Spiel nicht in maximaler Intensität gezeigt werden, wie Rennen, Jagen, Fliehen und Schwimmen.

Spielkämpfe bestehen aus immer wieder neu variierten und kombinierten Bewegungsabläufen

Die erste und zweite Kategorie würde demnach auf die körperbetonten spielerischen Kämpfe und Zerrspiele zutreffen, die dritte Kategorie auf Spiele mit geringerer Intensität, z. B. Spiele mit dem eigenen Körper, bestimmte Objektspiele, Maulringen und Verfolgungsspiele, bei denen das Verhalten nicht mit maximaler Geschwindigkeit und Kraft ausgeführt wird. Zum Aufbau von Kraft und Ausdauer der verschiedensten Muskelgruppen sind sehr viele unterschiedliche Übungen nötig, was erklären würde, warum Spiel so viele unterschiedliche Verhaltenselemente enthält. Das Kleinhirn steuert die Details von komplexen Bewegungen und wird durch Spiel verändert. Durch den Trainingseffekt von Spiel – besonders durch Wiederholung – verbessert sich die Effektivität, Genauigkeit und Geschmeidigkeit der Bewegungen.

Spiel, Kommunikation und soziales Lernen

Siviy sieht als wichtigste Funktion des Spiels junger Tiere, sich effektiv in ihre soziale Gemeinschaft zu integrieren. Hierzu gehört die Einschätzung, mit wem man kooperieren kann und mit wem nicht, bei wem man wie weit gehen kann und bei wem man sich zurückhalten muss. Spiel entwickelt vor allem auch die Fähigkeit, mit Niederlagen angemessen umzugehen (Siviy 1998). Nach Feddersen-Petersen (2004, 2008) findet gerade im Spiel die Sozialisation

Die Kombination von mimischen, gestischen und akustischen Elementen, die zum Drohen gehören, wird von den Welpen im Spiel gelernt.

gegenüber der eigenen Spezies und gegenüber Artfremden, also z. B. Menschen, statt. Sozialspiele dienen einem sozialen Üben, in dem Welpen die Regeln des Sozialverhaltens – z. B. die Beißhemmung – lernen. Jungtiere verbessern durch Sozialspiel ihre Fähigkeit zur angepassten Interaktion mit Artgenossen, lernen artspezifische kommunikative Fertigkeiten, lernen ihre Aggressionen zu steuern, und entwickeln und vertiefen soziale Bindungen. Es gibt beim Hund kein angeborenes Verstehen hundlicher Signale. Die körperlichen Voraussetzungen für das Zeigen der kommunikativen Signale sind Hundewelpen angeboren, sie müssen im Spiel jedoch die Bedeutung und den richtigen Einsatz dieser Signale und Signalkombinationen lernen. Welpen können z. B. ab einem bestimmten Zeitpunkt knurren,

Die vier Monate alte Labradorhündin Lea beißt Luna und drückt deren Hinterkörper zu Boden, worauf Luna heftig protestiert.

sie müssen aber lernen, Spielknurren von agonistischem Knurren zu unterscheiden. Sie lernen außerdem, wann welches Knurren angebracht und mit welchen mimischen und gestischen Signalen es zusammen eingesetzt wird. Im Spiel lernen und üben die Welpen also die „Feinabstimmung" der Signale; sie „speichern" auch bestimmte Gesichtsausdrücke. Bei Hunden geschieht dies nach Feddersen-Petersen (2004) in ähnlicher Weise, wenn auch in gröberer Form als bei Wölfen. Während Wölfe 60 Gesichtsausdrücke zeigen, findet man beim Deutschen Schäferhund, American Staffordshire Terrier und Mops nur ca. dreizehn. Aber auch der angemessene Einsatz dieser wenigen Ausdrücke will im Spiel gelernt sein. Nach dem heutigen Stand der Forschung scheint diese soziale Trainingsfunktion von Spiel für den Hundewelpen wichtiger zu sein, als die früher vermuteten motorischen und kognitiven Effekte (Feddersen-Petersen 2004). Spiel erweitert also die Sozialkompetenz unserer Hunde.

Fox (1975) beobachtete bei handaufgezogenen Welpen ohne vorherigen Kontakt zu Artgenossen nur kurze Spielsequenzen mit heftigerem, ungehemmterem Genickbeißen und Beißschütteln. Die sozial aufgezogenen Welpen, die durch ihre Spielerfahrung bereits eine größere Sozialkompetenz besaßen, zogen sich bei solch unangemessenem Verhalten zurück oder reagierten aggressiv.

Auseinandersetzungen bei Welpen

Je besser ein Welpe im Spiel (und dessen Grauzonen) lernt, auf verschiedene Aggressionsstufen zu reagieren, desto sicherer, flexibler und kompetenter kann er als erwachsener Hund in einer Auseinandersetzung mit Artgenossen reagieren. Es ist deshalb wichtig, nicht in jede sich anbahnende Auseinandersetzung zwischen Welpen frühzeitig einzugreifen. Wenn keiner der Beteiligten überfordert ist, sollten die Welpen die Gelegenheit erhalten, ihre eigene Lösung zu finden.

Die Mutter übernimmt das Spielzeug gespielt submissiv und lädt ihre Welpen zum Jagdspiel ein.

Spiel, Wettbewerb und Kooperation

Spielkämpfe sind die häufigste Spielform bei Hunden und auch bei anderen Caniden, wie Füchsen, Wölfen, Schakalen oder Kojoten. Die Funktion von Spielkämpfen als Training für spätere Ernstkämpfe muss zumindest mit einem Fragezeichen versehen werden, denn es gibt Caniden wie die Kojoten (Bekoff 1974) und Goldschakale (Feddersen-Petersen 2001), bei denen die Auseinandersetzungen um die soziale Position vor den ersten Spielkämpfen auftauchen. Eine Trainingsphase, die erst startet, nachdem der „Kampf um die soziale Position" beendet ist, würde wenig Sinn machen. Plausibler scheint da, dass in Spielkämpfen die ritualisierte Aggression gelernt wird. Welpen lernen in Spielkämpfen, wie man auf jeder Stufe einer Auseinandersetzung reagieren muss, um die weitere Eskalation zu vermeiden. Sie lernen im Spiel also nicht kämpfen, sondern im Gegenteil wie sie Kämpfe vermeiden.

Bei der Kooperation arbeiten mehrere Tiere zusammen, um ein gemeinsames Ziel zu erreichen. Wölfe kooperieren z. B. weil sie größere Beute besser nutzen, schneller fressen und besser verteidigen können. Sogar frei lebende Hunde, die sich zu bestimmten Tageszeiten trennen, um solitär zu jagen, verbringen den restlichen Tag gemeinsam, weil sie gemeinsam ihr Territorium besser verteidigen können (und wahrscheinlich, weil sie es einfach genießen, mit ihren vertrauten Sozialpartnern zusammen zu sein).

Hunde als soziale Beutegreifer, leben im natürlichen Rudel in einer Familie. Wir

Menschen wissen von unserer eigenen Spezies, dass das Zusammenleben in einer Familie sowohl von Interessenkonflikten als auch von Kooperation gekennzeichnet ist. Die frühere verzerrte Wahrnehmung des Soziallebens von Caniden war darin begründet, dass gefangene Tiere beobachtet wurden, die in nicht verwandten Gruppen gezwungenermaßen zusammenlebten. Durch viele Beobachtungen an frei lebenden Caniden, wie z. B. von Mech (1999), Bekoff, Molnar und Bloch, wurde dieses Bild korrigiert. Nicht anders als in menschlichen Familien überwiegt im natürlichen Rudel das soziopositive Verhalten, Kooperation und Spiel. Langfristiges Zusammenleben funktioniert eben nur, wenn alle Gruppenmitglieder vom Leben in der Gruppe profitieren. Nach Feddersen-Petersen (2004) lernen Hunde – wegen ihrer hochgradigen kognitiven Fähigkeiten – durch die Kooperation im Sozialspiel die Zusammenarbeit, indem sie Kooperationsmöglichkeiten immer wieder gezielt durchspielen und Konfliktlösungsstrategien vorbereiten.

Spiel als Jagdtraining?

Die Beobachtung des Hundespiels legt nahe, dass Hunde im Spiel jagen üben. Es sieht allerdings nicht so aus, als ob die spielerischen Jagdsequenzen einen echten Einfluss auf das spätere Jagdverhalten hätten. Bei Katzen wurde dies bereits untersucht (Caro 1980): Katzen, die keine Möglichkeit zum Spiel hatten, zeigten sich später als genauso gute Mäusefänger wie ihre spielerfahrenen Kolleginnen.

Die Welpen kooperieren, um die das Beutetier spielende, stärkere Mutter gemeinsam zu „stellen".

Hundeartige jagen Kleinwild und Großwild. Teile des Jagdverhaltens – wie der Mäuselsprung auf Kleinbeute – sind angeboren, werden aber durch Lernerfahrung ergänzt und verfeinert (Bloch 2009). Wissenschaftliche Untersuchungen (Vincent & Bekoff 1978, Caro 1980) stellen die scheinbar offensichtliche Kausalität zwischen Jagdspielen und Echtjagd infrage. Der Erfolg beim Töten von Beute korreliert nicht mit der vorherigen Spielerfahrung des Welpen (Vincent & Bekoff 1978). Bisher wurde in keiner Untersuchung eine Korrelation zwischen der Häufigkeit des Spiels und der Qualität des späteren Jagens nachgewiesen. Beutegreifer, die als junge Tiere keine oder wenig Gelegenheit zum Spiel haben, scheinen keine schlechteren Jäger zu sein, zumindest nicht bei der Solitärjagd, also der Jagd eines einzelnen Individuums auf kleine Beutetiere. Fox hat das vollständige Beutefangverhalten bei Kojoten beobachtet, bevor die entsprechenden Verhaltenselemente im Spiel auftauchten (Fox 1969, 1972, 1975). Spiel scheint also wenig Auswirkung auf die Fähigkeiten zur Solitärjagd zu haben.

Die Studien, mit denen der Einfluss von Spiel auf die Jagdfähigkeit untersucht wurde, haben allerdings nur die Jagd auf kleine Beutetiere, z. B. Mäuse oder Ratten, untersucht. Hunde und ihre Referenzgruppe, die Wölfe, sind als Caniden, anders als z. B. die untersuchten Hauskatzen, sozial lebende Beutegreifer, d. h., sie jagen auch im Rudel. Die Zusammenarbeit bei der Jagd auf Großbeute muss sicherlich geübt werden. Diese gemeinsame – nicht ungefährliche – Jagd setzt

1

1—*Dalmatiner Duce und Irish Terrier Carlos mobben Labradormix Sil, eigentlich Carlos Freund.*

ein koordiniertes Handeln voraus, um erfolgreich zu sein. Zusätzlich sind bestimmte Elemente des Jagdverhaltens zwar angeboren, um erfolgreich zu sein, müssen andere Faktoren – wie z. B. die Auswahl geeigneter Beutetiere über das Erkennen der Bewegungsmuster kranker Tiere oder das koordinierte Einkreisen und Angreifen – gelernt werden. Caniden lernen dies von den Eltern bzw. anderen erwachsenen Tieren im Rudel, wie u. a. Bloch (2004) schreibt.

In der Entwicklung der Hundewelpen tauchen zu einem bestimmten Zeitpunkt Rudeljagdspiele auf, bei denen die Wurfgeschwister gemeinsam die gespielte Beute verfolgen. Diese Spiele werden häufig von der Mutter, dem Vater oder anderen erwachsenen Rudelmitgliedern initiiert. Die Welpen üben das gemeinsame Verfolgen, die Besetzung der verschiedenen „Positionen“ bei der Jagd, die z. B. für das Einkreisen und Wegabschneiden nötig sind, sowie den koordinierten Angriff auf die Beute mit (im Spiel angedeuteten oder stark gehemmten) Bissen in Kehle/Hals-

2—*Frida – Carlos Mutter – greift in die Mobbingsituation ein und bremst ihren Sohn aus.*
3—*Durch Fridas Eingreifen bestärkt, entspannt Sil und wagt es später, sich zu wehren.*

bereich oder Hinterläufe. Die nächste Stufe der Lernerfahrungen machen die jungen Caniden später, indem sie die Eltern und erwachsenen Rudelmitglieder bei der Jagd begleiten, aber selbst noch nicht aktiv eingreifen. Erst als letzte Stufe ihrer „Ausbildung" beteiligen sie sich aktiv an der Jagd.
Fox (1975) war der Ansicht, dass Wolfswelpen die Gruppenjagd mit dem „In-die-Enge-Treiben", Attackieren, Angreifen der Flanke, Festhalten mit der Schnauze, Niederwerfen durch Anrempeln mit Schulter oder Hüfte und das Ermüden und Töten der Beute bei der Echtjagd von den erwachsenen Rudelmitgliedern hauptsächlich durch beobachtendes Lernen und Lernen durch Versuch und Irrtum lernen. Ähnliche Verhaltensweisen beobachtete er nur bei den Wölfen, nicht bei den solitärjagenden Füchsen oder Kojoten, im Sozialspiel (Fox 1975). Bloch sieht im Welpenspiel das Testen und Trainieren von Jagdverhalten als erste Stufe ihres Jagdtrainings: „Weil Welpen noch keine ‚fertigen Jäger' sind, verfeinern sie die Fertigkeit des Beutestellens und Beutetötens an sich selbst." (Bloch 2004, S. 25).

Spiel für die Erziehung nutzen

Für die Erziehung des Hundes bedeutet dies, dass wir in erster Linie das Spiel nutzen sollten, um unserem Welpen zu vermitteln, welches Verhalten in der Familie, in der er lebt, falsch und welches richtig ist.

Spiel zum Lernen von Gruppenregeln – Moral

Bekoff hält Sozialspiel für etwas ganz Besonderes, für eine einzigartige Verhaltenskategorie, weil hier Asymmetrien eher toleriert werden, als in anderen sozialen Kontexten (Bekoff 2001). Sozialspiel kann sich nur bei Freiwilligkeit aller Beteiligten entwickeln und die nötige – ggf. durch Selbsthandicap hergestellte – Symmetrie unterscheidet Spiel von allen anderen Formen sozialer Kooperation, wie der gemeinsamen Jagd oder der geteilten Fürsorge für den Nachwuchs (Bekoff 2009). Aufgrund seiner intensiven Studien an Caniden kommt er zu dem Schluss, dass Jungtiere im Sozialspiel die Regeln des Familienrudels lernen, in das sie hineinwachsen. Sie lernen was „richtiges" und was „falsches" Verhalten ist, wie Konflikte gelöst werden und generalisieren diesen Verhaltenskodex (Feddersen-Petersen 2004). Bekoff bezeichnet diesen Lernprozess im Spiel als Lernen von „moralischem" Handeln. Er vermutet, dass sich aus den Regeln des Sozialspiels evolutionär die menschliche Moral gebildet hat. Interessanterweise glaubt Frans de Waal, dass sich Moral aus dem Teilen großer Beutestücke entwickelt hat, was die Hundeartigen ebenfalls zu sehr geeigneten Kandidaten für tierische Moral macht (de Waal 2009 a). „Bei sozialen Tieren scheint das Training für reziproken Altruismus im Spiel zu beginnen." (Chick 2008)

Spiel als Training für das Unerwartete

Pellegrini (2006) glaubt, dass Exploration und Spiel Tiere befähigen, ihre Umgebung einzuschätzen und angepasstes innovatives Verhalten (z. B. ansteigendes Explorationsverhalten, zunehmende Kooperation, verminderte Aggression, erhöhte Flexibilität) relativ risikoarm auszutesten, was ihr Überleben in dieser Nische sichert. Er sieht Spiel als eine Möglichkeit, gefährliche Situationen zu simulieren, ohne dabei gefährdet zu werden. Das bedeutet, dass juvenile Tiere das erwachsene Verhalten, z. B. Kämpfen oder bestimmte Jagdstrategien, ausprobieren können, ohne ernsthafte Konsequenzen befürchten zu müssen, und dass sie so ihre Verhaltensflexibilität vergrößern. Verhaltensflexibilität wird hier verstanden als „die Kapazität eines Tieres, sein Verhalten in neuen Situationen zu verändern, mit dem Resultat ansteigender Fitness" (Pellegrini 2006, S. 7).
Pellis & Pellis experimentierten mit Ratten, denen sie die Möglichkeit zum Spielen nahmen. Diese Ratten waren als Erwachsene unfähig, sich in neuen Situationen angemessen zu verhalten, sie waren zu unflexibel. „Dies legt nahe, dass die Spielerfahrung die Fähigkeit verfeinert, mit potenzieller Bedrohung und stressigen Situationen angemessen umzugehen, und dass dies wiederum den Tieren erlaubt, ihre motorischen, sozialen und kognitiven Fähigkeiten auf

das jeweilige Problem effektiver anzuwenden." (Pellis & Pellis 2009, S. 73) Etwas, das Pellis als die „emotionale Kalibrierung", also die Möglichkeit zur Feinabstimmung der emotionalen Reaktionen, bezeichnet.

Nach Bekoffs (Spinka, Bekoff u. a. 2001) Einschätzung ermuntert Spiel dazu, angemessene Risiken einzugehen. Für Bekoff (Spinka, Bekoff u. a. 2001) und Feddersen-Petersen (2004, 2008) liegt die Funktion von Spiel im Trainieren des „Umgangs mit dem Unerwarteten". Die Spieler geraten während des Spielkampfs in Situationen, in denen sie plötzlich die Kontrolle verlieren. Auf diesen Kontrollverlust müssen sie schnell reagieren. Bekoff vermutet, dass Tiere sogar versuchen, diese Situationen durch Selbsthandicap aktiv herzustellen. Spiel besteht aus schnellen Wechseln zwischen gut beherrschten Bewegungen und dem Verlust der Kontrolle über die Bewegung, Position, Sinneswahrnehmung und räumliche Orientierung. Die Spieler müssen sich aus ungünstigen Situationen befreien, indem sie untypische Bewegungen machen. Dies kann als Training für Situationen mit wehrfähiger Beute dienen, deren Verhalten ebenfalls unvorhersehbar ist.

Zusätzlich konfrontiert Spiel die Spieler mit den emotionalen Zuständen, die mit Überraschung und Kontrollverlust verbunden sind (Spinka, Bekoff u. a. 2001), und verhindert so die lebensgefährliche emotionale Überreaktion in wirklich gefährlichen Situationen, wie

Heaven, die dreijährige Australian-Shepherd-Hündin, wird vom zurückprallenden Ball überrascht.

1

im Echtkampf oder bei der Jagd. Spiel führt demnach zu einer: (1) erweiterten Bewegungsflexibilität, die es erlaubt sich schnell von Schocks zu erholen, und (2) erweiterten emotionalen Flexibilität, einer weniger ausgeprägten körperlichen Stressreaktion und damit einer verbesserten Fähigkeit, Schreck- oder Schocksituationen emotional bewältigen zu können.

Spiel als Freiraum zum Experimentieren und Tradieren

Im Spiel lernen Tiere ihre belebte und unbelebte Umgebung kennen und können viele verschiedene Kombinationen und Reihenfolgen von Bewegungen ausprobieren, für die außerhalb des Spiels keine Gelegenheit besteht, z. B. weil dies zu gefährlich ist. Die entspannte Stimmung im Spiel ermöglicht das Ausprobieren neuer Bewegungskombinationen oder das Ausprobieren, wie man neue oder vertraute Objekte einsetzen kann. Hunde können in diesem Freiraum neue Spiele erfinden. Leben Hunde zusammen, können sich durch wiederholte Spielabläufe regelrechte Spieltraditionen entwickeln. Als tradiert wird eine Verhaltensweise betrachtet, die von mindestens zwei Tieren einer Gruppe durch Beobachten übernommen wurde und über längere Zeit gezeigt wird.
Eberhard Trumler (1985) hat bei seinen Wölfen z. B. ein scheinbar sinnloses spielerisches Hangrutschen (Neuerfinden) beschrieben, das die Welpen von den älteren Gruppenmitgliedern übernahmen (Tradieren). Radinger beobachtete bei den Wölfen in Yellowstone immer wieder ein ähnliches Spiel, bei dem die Wölfe einen Berg hinaufklettern, um ihn im Schnee auf dem Rücken herunterzurutschen. Sie beobachtete weitere Spiele, bei denen sie auf dem zugefrorenen See schlitterten echte Versteckspiele und neu erfundene Spiele mit zufällig gefundenen Gegenständen wie Pylonen oder zielgerichtet gepflückten Tannenzapfen (Bloch & Radinger 2010). Trumler (1985) beobachtete im Jagdspiel die Weitergabe bestimmter Jagdstrategien von den älteren Rudelmitgliedern an die jüngeren. Ludwig (1965) hat neu erfundene Spiele seiner Boxer beschrieben, bei denen sie auf einer

Fußmatte durch den Flur schlitterten oder den Spielpartner regelmäßig an einem Keilriemen in Rückenlage über den Hof zogen. Menzel & Menzel (1937) beobachteten, dass die Welpen ein besonderes Spiel mit Steinen von älteren Hunden übernahmen. Sie führten Tests durch und stellten fest, dass nur die Welpen, die zusammen mit den „Stein-Spielern" spielten, dieses Spielverhalten übernahmen. Es handelte sich also auch hier um eine Spieltradition, die durch Experimentieren im Spiel von den älteren Hunden „erfunden" und „tradiert" d. h. durch Beobachtungslernen von den Welpen übernommen wurde.

Beobachtungslernen nutzen

Mehrhundebesitzer können diese Fähigkeit zum Beobachtungslernen sehr gut benutzen, indem sie einen Welpen einfach beim Spiel oder Training mit dem älteren Hund zuschauen lassen. Welpen und Junghunde können in Spielgruppen, die von einem souveränen erwachsenen Babysitterhund begleitet werden, oder durch das Spiel mit erwachsenen Hunden, durch Beobachtung des Verhaltens der erfahreneren Tiere lernen.

1—*Welpen lernen im Spiel wichtige Fähigkeiten wie z. B. Impulskontrolle. Dorle lernt hier abzuwarten, bis sie an der Reihe ist.*
2—*Dorle lernt durch das Beobachten meines älteren Hundes schnell, wie auch komplexe Aufgaben gelöst werden.*

Funktionen des Spiels beim erwachsenen Hund

Hunde und Menschen sind Säugetiere, die ihr ganzes Leben lang lernen. Deshalb treffen einige Funktionen des Welpenspiels auch für erwachsene Hunde zu. Das Spiel der erwachsenen Hunde hat aber andere Schwerpunkte und weitere Funktionen.

Spiel als Ausgleich und zur Stressreduktion

Tiere versuchen, eine optimale Balance zwischen Aufregung und Entspannung zu finden, und benutzen Spiel als Mittel zur Stressreduktion. Stress und Angst sind Spielverderber. Beim Auftreten von Stressoren bricht Spiel ab. Nach stressigen Situationen – z. B. nach Erschrecken – tritt dagegen vermehrt Spiel auf, weil die Tiere versuchen, durch Spiel ihre Erregung abzubauen, das innere Gleichgewicht wiederherzustellen. Sowohl Welpen als auch erwachsene Tiere setzen Spielkämpfe ein, um ihre Stressreaktionen zu regulieren (Feddersen-Petersen 2004, S. 269, Gansloßer 2007, S. 229). Das bedeutet, durch Spielen können sich Tiere nach einer erschreckenden Erfahrung selbst beruhigen. Für langfristigen Stress trifft das allerdings nicht mehr zu. Unter Dauerstressbedingungen verschwindet Spiel.

1

Spiel als sexuelles Selektionskriterium

Es gibt Forscher, die sich das Definieren von Spiel leicht machen möchten und Spiel einfach als Verhalten definieren, das von Spielsignalen begleitet wird. Garry Chick (1998) von der Pennsylvania State University betrachtet Spiel insgesamt als Signal, das im Rahmen der sexuellen Selektion eine Rolle spielt. Mit der sexuellen Selektion ist die Auswahl des geeigneten Sexualpartners aufgrund bestimmter Merkmale und die damit verbundene bevorzugte Fortpflanzung von Tieren, die diese Merkmale besitzen, gemeint. Nur gesunde, nicht gestresste Tiere spielen. Deshalb vermutet Chick, dass Verspieltheit bei männlichen und weiblichen Tieren Reproduktionserfolg signalisiert. Den weiblichen Tieren signalisiert eine starke Verspieltheit des männlichen Tieres zusätzlich eine geringere Wahrscheinlichkeit, dass er sich als Vater aggressiv gegenüber dem Nachwuchs verhalten wird, während die hohe Verspieltheit der weiblichen Tiere, den

2

3

männlichen Tieren Gesundheit und Jugend signalisiert. Das sind zwei Faktoren, die beide den weiblichen Fortpflanzungserfolg bestimmen.

Spiel als Partnertest und zur Paarbindung

Bei der Paarbildung hat Spiel eine weitere wichtige Funktion. Es schafft eine Möglichkeit, den potenziellen Partner mit wenig Risiko zu testen. In der Zeit vor und in der Hitze der Hündin findet im Rudel verstärkt Spiel zwischen der Hündin und dem von ihr ausgewählten Rüden statt. Wie bei allen Säugetieren investiert die Hündin durch mehrmonatige Schwangerschaft, Stillen und Welpenversorgung weitaus mehr in den Nachwuchs als der Rüde. Unter natürlichen Bedingungen ist die Hündin deshalb diejenige, die den Rüden auswählt. Um zu testen, ob der Rüde die Fähigkeiten besitzt, die sie von ihm als zukünftigen Vater erwartet, fordert die Hündin den Rüden zum Spiel auf, das auch rauer werden kann. So testet die Hündin, ob der Rüde den Nachwuchs verteidigen könnte. Vielleicht testet sie auch, wie es um seine Toleranz und seine Aggressivität bestellt ist. So kann sie feststellen, wie er als zukünftiger Vater mit seinen Welpen umgeht. Garry Chick (1998) vermutet, dass der Grad der Verspieltheit des Rüden ein Auswahlkriterium für weibliche Säugetiere sein könnte. Ein sehr verspielter potenzieller Vater wird sich vermutlich auch gegenüber den Welpen wenig aggressiv verhalten. In Wolfsfamilien dient das Spiel der Wolfseltern der Paarbindung (Bloch 2009) und nimmt in der Ranzzeit zu. Auch Paare, die sich neu kennengelernt haben, spielen sehr häufig miteinander, um ihre neue Bindung zu etablieren und zu festigen (Bloch 2010).

1—Zwischen den Australian Shepherds Logan und Luna entwickelt sich ein „Flirt", der mit einem Rennspiel beginnt.
2—Später legt Logan die Pfote auf Lunas Rücken.
3—Dann versucht er spielerisch aufzureiten.
4—Luna protestiert zunächst heftig.
5—Initiiert aber sofort ein neues Rennspiel.

4

5

Spiel als Nebeneffekt elterlichen Verhaltens

MacLean (1985) betrachtet Spiel – neben mütterlicher Fürsorge und dem Separationsschrei – als eine der drei „Signatur“-Verhaltensweisen, die Säugetiere von Reptilien unterscheiden. Zwischen Spiel und mütterlicher Fürsorge besteht aus seiner Sicht eine enge Verbindung. Hamster, denen Teile des Frontallappens entfernt wurden, zeigten Störungen im mütterlichen Versorgungsverhalten und sie hörten gleichzeitig auf zu spielen. MacLeans These: Spiel hat sich evolutionär entwickelt, um für Harmonie im Nest zu sorgen (peace keeping function), und ist eng verbunden mit mütterlicher Fürsorge. Das klingt einleuchtend und würde den Zusammenhang zwischen dem fremdelterlichen Verhalten der Babysitter und ihrer Verspieltheit erklären.

Spiel als Puffer und Ersatz für ernste Aggression

Erik Zimen interpretierte das Spielverhalten älterer Caniden als Möglichkeit, „Spannungen“ im Rudel ohne ernsthafte aggressive Auseinandersetzung abzubauen. Diese soziale Funktion des Spiels gilt besonders für das Spiel der Erwachsenen: „Es dient offensichtlich der Aggressionshemmung. Wir können die verspielten Bewegungen als eine taktische Methode des Angegriffenen bezeichnen, die aggressive Stimmung des meist rangüberlegenen Angreifers durch Spielaufforderung in eine für das Spiel charakteristische, freundlich-tolerante Stimmung ‚umzuleiten'“ (Zimen 1971, S. 231).

Die Balgerei von Willi und Pelle bewegt sich zwischen Spiel und Aggression.

Spiel als sozialer Kitt

Beobachter wie Bekoff (2001, 2008), Feddersen-Petersen (2004, 2008) und Bloch sehen eher die kooperierende, Gruppen bindende Komponente des Spiels, wofür Bekoff den Ausdruck „Play together – stay together“, also „wer zusammen spielt, bleibt auch zusammen“, prägte. Regelmäßige Spiele sorgen dafür, dass die Beziehungen im Rudel entspannt bleiben, sie vermeiden Spannungen, fördern Kommunikation, verbessern die Bindungen und damit die Rudelharmonie. Zusätzlich trainieren erwachsene Caniden im Spiel ihre Zusammenarbeit und kooperativen Fähigkeiten, die sie für die gemeinsame Jagd brauchen.

Feddersen-Petersen notiert speziell für das Sozialspiel: „Das Sozialspiel wird heute im Rahmen evolutionsbiologischen Arbeitens mit der Entwicklung und Darstellung von Absichten, Gestimmtheiten, der Kommunikation und Zusammenarbeit verstanden und untersucht.“ (Feddersen-Petersen 2004, S. 267)

Praxis Hundespiel – spielende Hunde im Fokus

Spielpartner – wer spielt mit wem?

No play is no good.

MARC BEKOFF

In diesem Kapitel beschäftigen wir uns mit dem Spiel zwischen Hunden und besprechen dabei einige wichtige Fragen. Was muss ich bei der Auswahl passender Spielpartner beachten, wie kann ich den Gefahren des Spiels vorbeugen, wie erkenne ich, dass ein Spiel eskaliert und wann und wie sollte ich ins Hundespiel eingreifen?

Welpen sollten neben Menschen, andere Welpen und auch erwachsene Hunde als Spielpartner erleben. Maren Lambrich (2007) hat Welpen bzw. Junghunde der Rasse Border Collie untersucht und dabei folgende Spielpartner-Präferenzen aufgezeigt: (1) „Artgenosse (Tier) – Mensch – Objekt", (2) „Bekannt – Unbekannt" und (3), „Einzel-Individuum – Gruppe". Junge Border Collies bevorzugen also Artgenossen als Spielpartner und wenden sich dann dem Menschen zu. Vernachlässigt der Mensch seine Rolle als Spielpartner, sucht sich der Hund andere Spielpartner, fehlen auch diese, kommt es vermehrt zum Solitärspiel. Bekoff (1972) beobachtete, dass die Spielmotivation in Bewegungsspiel mit dem eigenen Körper umgesetzt wurde, wenn weder Spielpartner noch Spielobjekte verfügbar waren. Das Solitärspiel dient dann also als Ersatz für das Sozialspiel, mit allen Konsequenzen, die das Spiel ohne Spielpartner für ein soziales Tier mit sich bringt.
Welpen spielen doppelt so lange mit den Wurfgeschwistern, wie mit der Mutterhündin. Wenn wir den Welpen vom Züchter übernommen haben, sollten wir ihm deshalb ausreichend Gelegenheit zum Spiel mit anderen gleichaltrigen Welpen und auch mit erwachsenen Hunden geben. Bei der Suche nach geeigneten Spielpartnern für unseren Hund dürfen wir nicht vergessen, dass der Mensch die natürlichen Bedingungen verändert hat und nicht mehr jeder Hund als Spielpartner zu jedem anderen Hund passt.

Größen- und Kraftunterschiede

Im natürlichen Familienrudel gibt es keine so extremen Unterschiede wie in einer Welpengruppe. Im Familienrudel ist der Ältere automatisch der Stärkere, der sowohl körperlich als auch mental d. h. an Lebenserfahrung überlegen ist. Einige Hundeschulen bieten deshalb für die ganz jungen Welpen nach Körpergröße getrennte Welpengruppen an. Manchen Hunden fällt es leicht, auch mit sehr viel kleineren Spielpartnern angemessen umzugehen, manche haben Probleme damit, wenn sie sich extrem zurücknehmen müssen. Für die sensibleren Welpen kleiner Rassen bieten diese

Bully und Oskar zeigen, dass entspanntes Spiel zwischen ungleichen Spielpartnern möglich ist.

Gruppen eine Möglichkeit, entspannter zu spielen. Die älteren Welpen, die bereits besser kontrollierbar sind, werden dann später wieder zusammengeführt, um die nötigen Erfahrungen mit größeren Hunden zu sammeln.

Rassen- und Verhaltensunterschiede

In Welpen- und Spielgruppen kann man häufig beobachten, dass Hunde Spielpartner der gleichen Rasse oder mit einem ähnlichen Erscheinungsbild bevorzugen (siehe Kapitel „Spiel und Rasse“). Durch die züchterische Betonung unterschiedlicher Verhaltensmerkmale in den einzelnen Rassen kann es zu Missverständnissen kommen, da Verhaltenssequenzen rassetypisch sein können. Beispiel hierfür sind die Fixierspiele des Border Collies, das grobmotorische Spiel von Treibhunderassen und die Bellspiele der Pudel. Nur in Welpengruppen und Spielbegegnungen mit vielen unterschiedlichen Rassen lernen Welpen diese rassespezifischen „Dialekte“ der Spielkommunikation.

Unterschiedliche Erfahrungen

Da die Welpen nicht mehr im natürlichen Familienrudel zusammen aufwachsen, sondern unter ganz verschiedenen Lebensumständen, werden sie auch unterschiedlich geprägt. Deshalb wird ihr Verhalten bei der Begegnung mit Artgenossen entsprechend den bisherigen Lernerfahrungen unterschiedlich ausfallen. Ein Welpe, der bisher das „Beißkissen" für seine Wurfgeschwister gespielt hat, wird sich in der Welpengruppe anders verhalten als seine Wurfgeschwister, die überwiegend positive Spielerfahrung gemacht haben. Als Halter sollten Sie darauf hinarbeiten, solche frühen negativen Erfahrungen durch die Auswahl passender Spielpartner auszugleichen.

Spiel mit vertrauten versus Spiel mit fremden Hunden

Als sozial lebende Säugetiere verfügen Hunde potenziell über ein breites Verhaltensrepertoire, das fein abgestufte Drohsignale wie auch nicht beschädigendes Aggressionsverhalten umfasst. Um für jede Stufe der Auseinandersetzung den angemessenen Einsatz dieser Verhaltenselemente zu lernen, muss ein Hund diese im spielerischen Kontext üben können, ohne dass er ernsthafte Konsequenzen befürchten muss. In eskalierenden Spielbegegnungen mit Artgenossen wird ein Hund abwägen, welches Verhalten ihm angemessen erscheint. Dabei spielt auch eine Rolle, wie vertraut und wie wertvoll ihm der Spielpartner ist (Meyer-Holzapfel 1956). Hierin liegt ein entscheidender Unterschied der Spielbegegnungen unserer Hunde zum Spiel im natürlichen Rudel. Im Familienrudel muss das Tier auch nach Spielende mit dem Spielpartner zusammenleben. Es ist bei der gemeinsamen Jagd und Verteidigung von Beute oder Territorium auf diesen Partner angewiesen. Eine ähnliche Situation trifft, wenn überhaupt, nur auf Hunde zu, die in einem Haushalt zusammenleben oder zumindest sehr regelmäßigen Kontakt haben. Bei einer einmaligen oder bei sehr unregelmäßigen Spielbegegnungen liegen andere Voraussetzungen vor. Hunde, die nicht zusammenleben, sind nicht aufeinander angewiesen. Es leuchtet ein, dass einander vertraute Spielpartner anders spielen als einander nicht vertraute Tiere. Im regelmäßigen Spiel lernen sich die Spielpartner kennen und können die eigenen Fähigkeiten und Position in Relation zum Spielpartner einschätzen. Spielpartner sind nicht beliebig austauschbar. Kennen sich die Spielpartner, gibt es bereits eine „Spielgeschichte", gibt es auch eine Vertrautheit: Man kennt einander, man weiß wie der andere auf ein bestimmtes Verhalten reagiert, was ihn zum Weiterspielen animiert und was ihn dazu veranlasst, das Spiel zu beenden. Die beiden Faktoren – weniger Vertrautheit und weniger Abhängigkeit – erklären, warum das Spiel vertrauter Hunde anders verläuft als das Spiel nicht vertrauter Hunde. Selbsthandicap und Rollenwechsel findet man eher bei Hunden, die einander vertraut sind und die regelmäßig zusammen spielen.

Risiken und Gefahren des Hundespiels

Aus Spielspannung kann Übererregung und aus Spiel wegen des körpereigene Belohnungssystems Sucht werden.
Es gibt bestimmte Persönlichkeitstypen, Rassen, Vorgeschichten und sensible Phasen, die einen Hund besonders anfällig für eine Suchtentwicklung im Spiel machen und die man als Hundehalter kennen sollte, um vorbeugen zu können. Gut sozialisierte Hunde sind sehr gut in der Lage, ihre Spiellaune zu kommunizieren, das weiß jeder Hundebesitzer. Genauso weiß aber jeder Hundebesitzer, dass im Eifer des Spiels auch Grenzen überschritten werden, wenn die Erregung zu hoch ist. Wie können Sie die Warnsignale erkennen, wann und wie können Sie eingreifen?

Rottweilerrüde Ben auf der Suche nach einem Spielpartner für ein Zerr- oder Apportierspiel.

Alternativen für Balljunkies

Natürlich ist der Übergang vom Ballspieler zum Balljunkie fließend und natürlich wird nicht jeder Hund zum Balljunkie. Haben Sie bereits einen Balljunkie, ist dieser Zustand nicht mehr umkehrbar. Es nützt in diesem Fall wenig, einfach die Spielform zu verändern oder nur das Spielzeug zu wechseln. Sie können Ihrem Hund helfen, wenn Sie ihm als Alternative andere, ruhigere Spiele wie z. B. Schnüffelspiele, Fährten und Mantrailing oder Intelligenzspiele anbieten.

Wenn aus Spiel Sucht wird

Spielverhalten, besonders die Elemente, die aus dem Jagdverhalten stammen, führen zu einer Aktivierung des körpereigenen „Belohnungssystems". Der Körper schüttet je nach Spielart verschiedene Substanzen aus, die für die Erregung, die Spannung, den Spaß und das gute Gefühl beim Spiel verantwortlich sind. Einige dieser Substanzen (Dopamin, Adrenalin) können jedoch ein regelrechtes Suchtverhalten hervorrufen. Nicht alle Aktivitäten, die ursprünglich als Spiel begonnen und vom Menschen als Spiel betrachtet werden, sind wirklich Spiel. Viele Hundespiele beinhalten Jagdsequenzen, wie z. B. schnelle Apportierspiele mit Ball oder Stöckchen oder Spiele mit der Hetzangel. Diese Spiele sind selbstbelohnend. Ein Hund, der nur noch auf den Ball oder das Stöckchen fixiert ist, für den der Sozialpartner völlig neben-

1

sächlich wird – es ist ihm egal, wer den Ball oder das Stöckchen wirft, Hauptsache er kann hinterherrennen –, der spielt nicht mehr, er verhält sich wie ein Süchtiger, ein Junkie. Dies ist auch an der hocherregten Reaktion des Hundes auf sein „Spielzeug" zu erkennen.
Es gibt soziale Defizite, die das Suchtrisiko erhöhen. Wachsen Hunde in einem reizarmen Umfeld auf, wie z. B. im trostlosen Zwinger eines Massenvermehrers, führt dies zu einem Dopaminmangel, weniger ausgebildeten Dopaminrezeptoren und damit zu einer erhöhten Dopaminempfindlichkeit. Der Körper versucht sozusagen, das wenige Dopamin optimal auszuwerten. Gleichmäßige rhythmische Bewegungen, wie Laufen am Fahrrad oder stereotypes Apportieren mit einem starren Bewegungsablauf, fördern die Ausschüttung von Dopamin. Deshalb kann sich bei einem solchermaßen vorbelasteten Hund leichter Stereotyp- bzw. Suchtverhalten entwickeln. Besonders gefährdet sind die schnell erregbaren Hundetypen (der sogenannte A-Typ) oder Hunderassen, wie z. B. manche Terrier- oder Hütehunderassen. Ein besonders kritischer Zeitraum für die Suchtentwicklung ist die Phase der späten Welpenzeit und die Junghundezeit, in der der Nachwuchs im natürlichen Rudel das Jagen lernt.

Spielt er noch oder jagt er schon?

Es ist relativ einfach zu erkennen, wann ein Jagdspiel noch echtes Spiel ist, wenn man den Hund beobachtet, der das Beutetier spielt. Spielt er tatsächlich, ist seine Körpersprache entspannt, er läuft mit gedrosselter Geschwindigkeit, kehrt regelmäßig zurück, verharrt nur kurz in Verstecken und erhält die Chance zum Rollenwechsel.

1—*Verfolgungsspiele zwischen großen und kleinen Hunden bergen Gefahren …*
2—*… weil der kleine Hund als Spielbeute echtes Jagdverhalten auslösen kann.*

David und Goliath

Verfolgungsspiele können für die beteiligten Hunde sehr erregend sein. Auf diesem hohen Erregungsniveau besteht immer die Gefahr, dass das Spiel „umkippt" in Echtjagd oder Mobbing. Das wird beim Rennspiel zusätzlich begünstigt, wenn ein starker Größenunterschied zwischen den Spielern besteht, wenn der Jäger ein großer und der Gejagte ein kleinerer Hund ist, wenn also das Auslöseschema für den Beutefang „kleiner als ich, schnelle, gradlinige Bewegungen von mir weg" ausgelöst wird (Gansloßer 2007, S. 32). Dieser Auslöser wird noch verstärkt, wenn der kleine Hund zusätzlich verängstigte, hohe Laute ausstößt und durch seine Abwehrbewegungen (Ducken, Zappeln) an ein Beutetier erinnert. Der Übergang vom gespielten zum echten Jagdverhalten (predatory drift) des großen Hundes wird als „übertragenes oder umadressiertes Jagdverhalten" bezeichnet. Es handelt sich hierbei nicht um Aggression, da Caniden sich nicht aggressiv gegenüber Beutetieren verhalten. Jagdverhalten ist völlig anders motiviert als Aggressionsverhalten, obwohl unangemessenes Jagdverhalten ebenfalls zu Verletzungen ja sogar zum Tod des Beutetier spielenden Hundes führen kann. Beim Jagdverhalten sind keine Emotionen wie Wut, Ärger oder Angst beteiligt, und es fehlt das Drohverhalten.

Wenn im Jagdspiel echte Beute auftaucht

Eine weitere Gefahr beim Jagdspiel, das, wie oben beschrieben, auf hohem Erregungsniveau stattfindet, ist das Auslösen einer echten Jagd durch echte Beute. Taucht während eines Jagdspiels im weiteren Umfeld echte Beute auf, z. B. ein Hase, eine Katze oder ein anderes Tier, das ins Beuteschema passt, ist die Wahrscheinlichkeit, dass die am Jagdspiel beteiligten Hunde zur echten Jagd aufbrechen, sehr viel höher, als außerhalb dieses Spiels.
Die angeheizte Jagdstimmung sollten Sie bei der Auswahl des „Spielplatzes" berücksichtigen.

Erhöhtes Suchtpotenzial

- Aufwachsen im reizarmen Umfeld
- Leicht erregbare Hundepersönlichkeit (A-Typ)
- Leicht erregbare Hunderasse
- Sensible Phase in der Welpen- und Junghundezeit

Spielaggression und Mobbing

Spielkämpfe sind mit viel Körperkontakt, mit Rempeln, Runterdrücken, Drüberstehen, Spielbeißen und eventuell mit Bellen und Knurren verbunden. All diese Elemente kommen auch bei einer echten Auseinandersetzung vor, was die Unterscheidung für den Beobachter nicht immer einfach macht. Körperbetonte Spiele können die beteiligten Hunde in Erregung versetzen und der Spielkampf kann in einen realen Kampf ausarten. Wichtige Unterscheidungsmerkmale zwischen Spiel und Kampf sind neben Rollentausch und Spielsignalen die Körperspannung der Hunde, die Zielgerichtetheit der Verhaltenssequenzen und die Effektivität/Ineffektivität des Angriffs- und Verteidigungsverhaltens.

Jetzt aber mal im Ernst ...

Panksepp sieht die Ursache für das Auftreten echter Aggression in einem Spielkampf in der Aktivierung der emotionalen Systeme für Angst oder Wut. Wenn ein Hund seinem Spielpartner signalisiert, dass er zu heftig war und dieser sich daraufhin nicht zurücknimmt, kann der Erste, je nach Temperament und Vorerfahrung, mit Angst oder Wut reagieren. Faktoren, die Aggression im Spiel auslösen, sind neben der steigenden Erregung, Wut, Angst, Schmerz und Frustration. Der Übergang von gespielter zu echter Aggression kann an einer zunehmenden Körperspannung, einer Veränderung der Ohrstellung, einem Verändern des Spielknurrens zu einem tieferen Knurren hin, Erweitern der Pupillen, evtl. Aufstellen der Haare im Nacken und Rückenbereich und nun geschlossenen Kiefern statt der offenen Spielgesichter sicht- und hörbar werden. Gleichzeitig ändert sich auch das Bellen vom Spielbellen, zu einem aufgeregteren, wütenden Bellen, die Bisse/Maulbewegungen sind verstärkt gegen Nacken oder Kopf gerichtet. Ein Hinweis auf eine zunehmende Spannung kann darin bestehen, dass die Hochkampfphasen länger dauern, d. h. die Hunde immer längere Zeit

Spielpartner im Auge behalten

Wenn Sie nicht sicher sind, ob Ihr Hund sich gerade angemessen verhält, unterbrechen Sie ihn kurz und beobachten Sie, ob der Spielpartner freiwillig wiederkommt und das Spiel fortsetzen will.

auf den Hinterbeinen stehend ringen und die Ausrichtung der Spielpartner frontaler wird.

Verhaltenselemente wie das Beißen in Gesicht, Genick und Körper tauchen im Spiel mit ähnlicher Frequenz auf wie im Echtkampf (Bekoff & Byers 1981). Es gibt dennoch eindeutige Unterschiede zwischen spielerischen Kämpfen und agonistischen Interaktionen. Bestimmte Verhaltenselemente wie Drohen fehlen am Anfang eines Spielkampfes. Verhalten im Spiel löst zudem andere Reaktionen aus als bei agonistischen Auseinandersetzungen. So löst Drohvokalisation während des Spiels passives Submissionsverhalten (der Hund wirft sich auf den Rücken) aus und beendet Spiel.

Droh- und Stressvokalisation und passives Submissionsverhalten treten in agonistischen Kämpfen zehn Mal häufiger und zudem früher auf als in Spielkämpfen (Bekoff 1974, Bekoff & Vincent 1978). Diese Signale, das zielgerichtete Verhalten und die Körperspannung, sind also ein guter Indikator für ein mögliches Eskalieren eines Spielkampfes.

1—*Das Fixieren und die angespannte Körperhaltung von Willi und Pelle (beide eineinhalb Jahre) passen nicht zu einem entspannten Spielkampf.*
2—*Das nicht spielerische Auflegen des Oberkörpers von der Seite soll Willi am Boden halten.*
3—*Willis Reaktion ist eindeutig nicht spielerisch.*

3

Drei sind einer zu viel

Hunde spielen lieber mit einem einzelnen Spielpartner als mit einer Gruppe. Macht das Spiel mit diesem Partner so richtig Spaß, teilen sie ihn ungern. Wenn zwei Hunde über einen längeren Zeitraum miteinander gespielt haben, kann man deshalb beobachten, dass ein neu hinzukommender Hund von einem oder beiden Spielpartnern eine „Absage“ erhält. Diese Absage kann darin bestehen, dass der Neuankömmling ignoriert wird, dass ein Spielpartner durch eindeutige Körperhaltung z. B. Drüberstehen „ältere Rechte“ am Spielpartner signalisiert oder der dritte Hund mit dem eigenen Körper abgeblockt wird. Dieses Phänomen tritt insbesondere dann auf, wenn Hündin und Rüde miteinander gespielt haben und ein dritter Hund hinzukommt. Wenn wir Spiel als Gespräch betrachten, ist dies durchaus nachvollziehbar. Wenn ich mich gerade angeregt unterhalte, vielleicht sogar ein bisschen flirte, möchte ich dieses Gespräch erst einmal zu Ende führen und dann erst den Gesprächspartner wechseln. Meist akzeptiert der Neuankömmling die Botschaft, manchmal schafft er es, einen oder beide Hunde zu einem gemeinsamen Spiel zu überreden, aber manchmal entwickelt sich aus dieser Situation ein Streit.

1—Oskar und Bully lassen den dritten Hund abblitzen.
2—Jones signalisiert dem neu hinzukommenden Hund, dass er mit Shari allein weiterspielen will.

1

2

Wenn ein Dritter kommt

Grundsätzlich sollte man Situationen, in denen ein neuer Hund zu einem bereits länger spielenden Hundepaar hinzukommt, im Auge behalten, weil sie das Potenzial zu einer echten Auseinandersetzung haben.

Alle gegen einen – Mobbing

Als Mobbing bezeichnet Klinghammer (1985) das „Verfolgen, Stoßen, Beißen und/oder Niederringen und -bolzen eines Tieres von zwei oder mehr Tieren“. Bei Welpen scheint sich innerhalb von Spielkämpfen schon sehr früh eine Tendenz zu entwickeln, sich an der Aktion gegen den aktuell unterlegenen Welpen zu beteiligen. Anders ausgedrückt:

Die Körpersprache der schwarzen Hovawarthündin drückt deutlich Überforderung und Angst aus.

Liegt ein Hund am Boden, gesellen sich zum momentanen „Angreifer“ schnell weitere Angreifer hinzu.

Bei der Beobachtung von Spielbegegnungen mit zwei Spielpartnern waren mehr als 2/3 (69 %) der Interventionen des hinzukommenden dritten Welpen gegen den Spielpartner gerichtet, der sich in der unterlegenen Position befand. Dies war unabhängig davon, ob der „unterlegene“ Welpe zu den bevorzugten Spielpartnern des Eingreifers zählte oder nicht. Diese Tendenz setzte bereits um die 7. Lebenswoche ein, änderte sich im Laufe der Reifung (beobachtet wurde bis zur 40. Woche) nicht und war auch nicht von der Geschlechtszugehörigkeit beeinflusst. Es war auch keine Wechselseitigkeit – also „hilfst Du mir heute, helfe ich Dir morgen“ – zu beobachten (Ward u. a. 2008).

Die Tendenz, die Partei des momentan „überlegenen“ Welpen zu ergreifen, könnte darin begründet sein, dass es im Rudel eine Verhaltensangleichung bei der gemeinsamen Jagd oder der Verteidigung des Territoriums geben muss.

Nach Feddersen-Petersen beruht Gruppenaggression darauf, dass Aggression – insbesondere die Aggression zur Revierverteidigung – ansteckend ist (Feddersen-Petersen 2008). Der im Spiel angreifende Welpe „steckt“ mit seinem Verhalten einfach den intervenierenden Welpen an. Aus solchen Situationen entwickelt sich dann u. U. eine Mobbing-Situation, weil die attackierenden Hunde vom Sozialspiel in den Jagdmodus mit der dafür typischen Erregung umschalten. Die gleiche Tendenz – mit der Folge einer territorial motivierten Gruppenaggression – gilt für Situationen, in denen Hunde bereits länger auf einem Platz zusammen spielen und ein neuer Hund dazukommt.

Richtig reagieren bei Mobbing

In Hundegruppen sind häufig die Hunde Mobbing-Opfer, die bereits schlechte Vorerfahrung haben und ihre Unsicherheit durch ihre Körpersprache signalisieren. Mobbingsituationen sollten immer unterbrochen, natürlich besser noch vermieden werden, da die Erfahrungen sowohl für das Mobbing-Opfer, als auch für die „Täter“ selbstverstärkend sind.

Hundespiel aufmerksam und liebevoll begleiten

Die Empfehlungen, wann in das Spiel von Welpen oder älteren Hunden eingegriffen werden sollte, können unterschiedlicher nicht sein. Von der Empfehlung nie einzugreifen, „das regeln die schon unter sich," bis zum Eingreifen, sobald der Hund beim Spiel Beißschütteln zeigt oder auch nur knurrt, ist jede denkbare Variante in der Hundeerziehungswelt vertreten. Ich orientiere mich an der Devise „fordern aber nicht überfordern". Daraus ergibt sich, nur dann in das Spiel einzugreifen, wenn ein Hund entweder überfordert ist oder selbst andere Hunde überfordert. Grundsätzlich sollte der Welpe/Hund die Gelegenheit erhalten, Konflikte durch angemessenes Verhalten selbst zu lösen. Besonders empfehlenswert sind Welpengruppen, bei denen ein souveräner erwachsener Hund als „Babysitter" eingesetzt wird, der schneller als wir das können punktgenau eingreift.

Alles im grünen Bereich

Da Spielverhalten Bewegungs- und Mimikelemente der Jagd und der Aggression enthält, ist es hilfreich, auf folgende Merkmale zu achten, die entspanntes Spiel kennzeichnen und von Nichtspiel unterscheiden:

- Spielgesichter!
- Das Vermeiden von längeren direkten Blickkontakten.
- Fehlende Körperspannung, entspannte Augen, Lippen, Wangen, offener Mund.
- Insgesamt Distanz verringerndes Verhalten, d. h. freiwillige entspannte Nähe, freiwilliges Zurückgehen zum

Die Körpersprache von Rottweiler Ben signalisiert Ranja, dass er nicht in Spielstimmung ist.

Pepper droht Camillo und macht ihm so klar, dass dies ihr Spielzeug ist, was Camillo akzeptiert.

Spielpartner, wiederholte Spielaufforderung.
- Beim Auftreten von einzelnen übertriebenen Signalen, sonst entspannte Gesichtsmimik.
- Die Annäherung und Ausrichtung der Spielpartner ist eher seitlich als frontal.
- Die Hunde stoppen, pausieren immer wieder kurz, z. B. vor einem Rollenwechsel oder dem Wechsel zu einem anderen Spiel oder Spielpartner
- Es findet ein regelmäßiger Rollenwechsel statt und Sie beobachten Spielsignale.

Haben Sie Zweifel, ob ein Hund sich angemessen verhält, beobachten Sie seinen Spielpartner, seine entspannte Reaktion zeigt Ihnen, dass es noch Spiel ist.

Konfliktpotenzial

Leckerchen haben in einer Spielgruppe nichts zu suchen. Weitere Anhaltspunkte für Streitpotenzial, bzw. mögliche Überforderung/Eskalation:

- Wenn Spielzeug z. B. ein Ball ins Sozialspiel einbezogen wird und dieses Spielzeug eine hohe Bedeutung für einen der beteiligten Hunde hat.
- Wenn einer oder mehrere Hunde „Platzrecht" beanspruchen, wenn sie auf dem Gelände, auf dem gespielt wird, also z. B. regelmäßig trainieren und ein neuer Hund dazukommt.
- Wenn das Verhalten der Spielpartner nicht zueinanderpasst und die Spielpartner es nicht schaffen, sich aufeinander einstellen, also wenn z. B. der Rüpel mit der Mimose spielt.
- Wenn über längere Zeit kein Rollenwechsel stattfindet, d. h., wenn ein Spielpartner ständig in der defensiven Position ist.
- Wenn bestimmte Hunde das Spiel zu sehr dominieren, das Spiel anderer Hunde unterbrechen oder verhindern.
- Wenn die Körpersprache eines Beteiligten Angst signalisiert (Augenausdruck, Mimik, Haltung, Körperspannung, Distanzverhalten, Vokalisation).
- Wenn ein Hund echte Begrenzung/Aggression zeigt, z. B. wiederholtes, impertinent wirkendes Aufreiten, Kopf auflegen, Pfote auflegen usw. und der begrenzte Hund überfordert wirkt, d. h. die Situation nicht selbst auflösen kann.
- Wenn sich das Spiel zu sehr hochschaukelt (z. B. im Jagdspiel), d. h.,

wenn der Erregungsgrad eines Hundes oder mehrerer Hunde zu hoch wird. Ein länger dauernder Hochkampf, zunehmende frontale Ausrichtung, zunehmender Geräuschpegel, fest geschlossene Schnauzen und häufiges Beißschütteln sowie zunehmend auftretende Beschwichtigungssignale weisen auf zunehmende Erregung hin.

- Wenn die Freiwilligkeit nicht mehr gegeben ist, wenn z. B. ein Spielpartner am Beenden des Spiels gehindert wird, sollten Sie immer einschreiten.

Stresssignale

Sie können auf Anzeichen von Stress bei einem oder mehreren Hunden achten. Dazu gehören: wiederholtes Lecken der eigenen Schnauze, Schütteln, Kratzen, Niesen, stereotyp klingendes Bellen, zunehmendes Aufreiten und das davon unabhängige Ausschachten des Penis beim Rüden. Eine Spielunterbrechung kann hier hilfreich sein.

Mimik, Muskelspannung, Schwanzhaltung, „Bürste“: Für den Labbimix ist dies kein Spiel.

Der Mensch als sichere Basis

Falls ein Welpe oder gar mehrere fremde Welpen den eigenen attackieren und der eigene Welpe/Hund signalisiert, dass er nicht mehr „mitspielen“ möchte, dass er überfordert ist, können Sie sich vor den eigenen Hund stellen und damit den fremden Welpen blockieren. Falls Sie sich hinsetzen oder -hocken, nehmen unsichere Welpen gern die Gelegenheit wahr und suchen Schutz zwischen Ihren Beinen/Füßen. Sie können in diesem Fall zu aufdringliche Welpen sanft wegstupsen. Geben Sie Ihrem Welpen alle Zeit, die er braucht. Wenn er sich sicher genug fühlt, wird er von diesem sicheren Punkt aus zum Spiel zurückkehren. Falls Ihr Welpe/Hund Ihnen vertraut, wird er in Situationen, die ihn überfordern von sich aus Ihre Nähe und Ihren Schutz suchen.
Falls Ihr eigner Welpe/Hund sich nicht angemessen verhält und sein Spielpartner ihm „gewachsen“ ist, wird er Ihrem Hund dies durch seine Reaktion deutlich signalisieren. Diese angemessene Reaktion sollten Sie zulassen. Sie ist wichtig, damit Ihr Hund lernt, was angemessenes Verhalten ist und was nicht. Falls der andere Hund jedoch überfordert ist, sollten Sie reagieren. Sie können Ihren Hund z. B. für einige Zeit aus dem Spiel nehmen, besonders wenn Übererregung oder Wut, die Ursache für sein unangemessenes Verhalten ist.

Spiel – das Fenster zur Mensch-Hund-Beziehung

Wie spielen Menschen mit ihren Hunden?

Die Häufigkeit von Spiel zwischen zwei Individuen ist ein Maßstab für ihre Zuneigung.

GÜNTER TEMBROCK

Es gibt wohl wenige Menschen, die dem Spiel von Hunden, besonders dem Welpenspiel zusehen können, ohne zu lächeln. Das ist eines der Geheimnisse von Spiel, dass eigentlich jeder Mensch es erkennt und sich die Spielstimmung automatisch überträgt. Bei dieser Übertragung spielen vielleicht die Spiegelneuronen eine Rolle (Bauer 2006, Rizzolatti & Sinigaglia 2008). Neuronen, die es ermöglichen, die Aktivitäten und die damit verbundenen Emotionen anderer Individuen nachzuvollziehen. Die vergleichende Verhaltensforschung weist darauf hin, dass wir Menschen uns dank dieser Spiegelneuronen nicht nur in Menschen, sondern auch in andere Spezies, insbesondere in andere Säugetiere und Vögel hineinversetzen können. „Wir sind gleichsam dafür ‚ausgerüstet', weil wir uns dank unserer Gehirnfunktionen in die Lebensäußerungen der uns verwandtschaftlich näher stehenden Tiere hineinversetzen können. Insbesondere bei Säugetieren und Vögeln sind wir in der Lage, ihre Reaktionen vorausschauend zu bewerten." (Reichholf 2009, S. 14)

Menschen lieben Hunde nicht zuletzt wegen ihrer Verspieltheit. Gemeinsames Spiel ist eine der Aktivitäten, die Hundehalter besonders schätzen. Im gemeinsamen Spiel beeinflusst der Mensch bewusst oder unbewusst die Spielvorlieben seines Welpen und stellt damit die Weichen für dessen zukünftiges Spielverhalten.

Entspanntes Kind-Hund-Spiel: Phillip lässt Emma warten, bevor er das Stöckchen wirft.

Der Mensch beeinflusst das Hundespiel

Feddersen-Petersen (2001) hat das Spielverhalten von Hunden (Pudel, Golden Retriever und Labrador Retriever) verglichen, die in Hundegruppen oder in Menschenfamilien aufwuchsen. Sie hat dabei festgestellt, dass die Hunde, die in Familien aufwuchsen, eine höhere Spielaktivität entwickelten und diese auch in ihrem Entwicklungsverlauf länger zeigten. Sie betont, dass im Sozialspiel zwischen Mensch und Hund Körperkontakt und Berührung sehr wichtig sind, und die Weichen für die Möglichkeiten späterer Kommunikation stellen und diese verfeinern (Feddersen-Petersen, 2008), weswegen das Hund-Mensch-Spiel nicht auf das Objektspiel reduziert werden sollte.

Häufigkeit und Spielform

Die Häufigkeit, mit der Hunde bestimmte Spielformen zeigen, hängt stark von den Reaktionen der Familie ab, in der sie aufwachsen. Erwachsene Hunde bevorzugen die Spielformen, die der Mensch beim Welpen und Junghund gefördert hat. Wie und wie viel ein erwachsener Hund spielt, hängt ganz entscheidend davon ab, was und wie viel der Mensch mit dem Hundewelpen gespielt hatte.

Entwicklung der Spielsignale

Nicht nur die Art der Hundespiele wird vom Menschen entscheidend beeinflusst. Auch die Spielsignale und Spielbewegungen ändern sich bei Hunden im Laufe des Zusammenlebens mit der Familie. Sie lernen, mit welchen Signalen und Bewegungen sie Menschen gegenüber besonders erfolgreich sind, und setzen diese dann bevorzugt ein (Feddersen-Petersen 2001).

Vertrauen und Risiko

Wie bereits für das Hund-Hund-Spiel beschrieben, setzt das Spiel mit Körperkontakt Vertrauen in den menschlichen Spielpartner voraus. Einen Welpen oder Hund, mit dem ich das erste Mal spiele, kann ich noch nicht einschätzen und er

Fasziniert beobachten Phillip und Toni dann, wie Jack Russel Terrier Emma reagiert.

Chedano blockt Wolf ab, damit dieser nicht an den Ball in der Hand seines Besitzers kommt.

mich genauso wenig. Das gegenseitige Vertrauen muss sich erst entwickeln, und so ist es nicht verwunderlich, dass „gefährliche" Spielelemente mit Verletzungsrisiko im Hund-Mensch-Spiel erst beobachtet werden, wenn beide sich besser und länger kennen (Gansloßer 2007). Es gibt indes keine bessere Möglichkeit, das Vertrauen zwischen Mensch und Hund aufzubauen, als im Spiel.

Was Menschen mit Hunden spielen

Die Befragungen von Hundebesitzern ergaben als häufigste Spielformen im Mensch-Hund-Spiel Apportier- und Ballspiele, Zerrspiele, Verfolgungsspiele, Versteck-/Suchspiele und Raufspiele (Rooney u. a. 1999, Meermann 2009).
Auf Raufspiele, die natürlichste Spielform mit dem wichtigen Körperkontakt, verzichten viele Menschen.

Spielsignale zwischen Mensch und Hund

Eines der Merkmale von erfolgreichem Spiel zwischen Mensch und Hund ist das Vorkommen von Spielsignalen oder umgekehrt ausgedrückt: Fehlen die Spielsignale oder werden sie fehlinterpretiert, kann das Spiel misslingen (Rooney u. a. 2002). Zu Beginn des Mensch-Hund-Spiels versuchen die Spieler zunächst, die Aufmerksamkeit des Spielpartners zu erlangen. Dabei hat der Mensch einen entscheidenden Vorteil: Untersuchungen von Frederike Range (2009) zeigten, dass Hunde menschlichen Modellen per se viel mehr Aufmerksamkeit schenkten, als einem Hund als Modell.

Spieleinladung des Hundes

Übernehmen Sie einen Welpen vom Züchter, ist er an das tägliche Spiel mit den Wurfgeschwistern gewöhnt. Im neuen Zuhause wird er Sie zum Spiel

1—*Pepper versucht Diane für ein Rennspiel mit Spielbeute zu begeistern.*
2—*Pepper und Diane im entspannten Zerrspiel, beide mit Spielgesicht und Selbsthandicap.*

auffordern. Er wird das auf die gleiche Weise tun, mit der er bei seinen Wurfgeschwistern erfolgreich war. Da Sie kein Fell haben, in das er beißen kann, wird er in Ihre Kleidung, in Ihre Hände und andere erreichbare Körperteile beißen. Er wird Sie anstupsen, anspringen oder vielleicht ein Spielzeug in die Schnauze nehmen und dies vor Ihre Füße legen oder es hoch erhobenen Hauptes vor Ihnen hin- und hertragen. Betrachten Sie dieses Verhalten als genau das, was es ist: als Einladung zum Spiel. Es ist verständlich, dass Sie nicht wollen, dass Ihr Hund Sie durch Anspringen oder Spielbeißen zum Spiel einlädt. Wenn er diese Signale einsetzt, wissen Sie, was er von Ihnen möchte. Um die unerwünschten Kommunikationssignale nicht zu verstärken, warten Sie bei einem solchen Verhalten einfach einen günstigen Moment ab, um auf seine Einladung einzugehen, z. B. wenn er gerade sitzt und Sie erwartungsvoll ansieht. Es spricht nichts dagegen, dass Sie auf seine Spieleinladung eingehen, wenn er sein Spielzeug bringt, bellt, eine Spielverbeugung macht oder Sie anstupst. Genauso wenig schadet es, wenn Sie die Spieleinladung auch einmal ablehnen. Wie in jeder ausgewogenen Beziehung wird die Initiative zum Spiel von beiden Spielpartnern, also auch von Ihnen ausgehen.

Spieleinladung des Menschen

Bestimmte Spieleinladungssignale, die in der Kommunikation zwischen Hunden benutzt werden, sind auch als

Pepper zeigt die hündische und Diane die menschliche Variante der Spielverbeugung.

Spieleinladungssignale vom Menschen einsetzbar. Rooney und Bradshaw (2002) führten ein Experiment durch, um herauszufinden, welche von Menschen verwendeten Signale den Hund in Spielstimmung bringen. Sie stellten fest, dass eine menschliche Spielverbeugung und der Vorwärtssprung, bzw. eine schnelle Bewegung Richtung Hund, am ehesten spielauslösend sind. Die Effektivität dieser beiden Signale wird verbessert, wenn sie zusammen mit Spiellauten auftreten. Weitere erfolgreiche Spielsignale sind das Vorbeugen (Rumpf ist horizontal), die menschliche Variante des „Hin und weg“, das „Überfallen“ und das Jagen des Hundes. Nicht erfolgreich sind Streicheln, am Schwanz ziehen, Fußstampfen, Küssen und Bellen. Außerdem stellte die Studie fest, dass die Art des Spielsignals, das ein Mensch einsetzt, dem Hund sogar Informationen liefert, was der Mensch spielen möchte. Ein Sprung nach vorn in Richtung Hund, also eine Distanz vermindernde Körperbewegung, löst eher körperbetontes Spiel aus, die Spielverbeugung oder das ruckartige, übertriebene Wegrennen löst dagegen ein Verfolgungsspiel aus.

Hunde produzieren beim Spielen charakteristische Laute, wovon einer dem menschlichen Lachen entspricht. Dabei handelt es sich um eine Art geräuschvolles Schnaufen. Dieses Hundelachen ist nur während des Spiels zu hören. Imitieren Menschen dieses Geräusch, werden Hunde zum Spielen animiert. Die Nachahmung des Hundelachens ist eindeutig genug, um Hunde zum Mitspielen zu bewegen.

Ein gutes Gespräch – erfolgreiches Mensch-Hund-Spiel

Ein echtes, ursprüngliches Spiel zwischen Mensch und Hund entwickelt sich wie ein gutes Gespräch. Beide Partner halten Blickkontakt, stimmen ihr Verhalten aufeinander ab, sorgen dafür, dass jeder seine Wünsche und Absichten äußern kann, reagieren darauf und konzentrieren sich auf das gemeinsame Spiel.

„Die Spielenden, so auch Mensch und Hund, kommunizieren analog, körperlich und verlassen sich auf ihre ‚Körpersprache'. Anfassen, Fühlen und Ausüben von Aktivitäten, auf die wir uns ganz konzentrieren, so sehr, dass eine Hingabe an den Vorgang des Spielens resultiert - und Alltagssorgen etwa vergessen werden." (Feddersen-Petersen 2008, S. 221)

Phillip mit Spielgesicht – hier im Rennspiel –sendet eindeutige Spielsignale aus.

Bekoff und Horowitz (2007) untersuchten das Mensch-Hund-Spiel und verglichen die Rhythmik und die Regeln eines erfolgreichen Spiels, mit denen eines guten Gesprächs. Sie identifizierten eine Reihe von Merkmalen, die für ein erfolgreiches Spiel wichtig sind und die den erfolglosen Spielversuchen fehlen: (1) eindeutiges Signalisieren der Spielabsichten, (2) Blickkontakt und direkte Reaktion der Spielpartner aufeinander, (3) ein Synchronisieren des Verhaltens und (4) richtiges Timing und ausgewogene Beteiligung beider Spielpartner.

Eindeutige Spielsignale

Erfolgreiches Spiel braucht eindeutige Signale, mit denen die Spielabsicht kommuniziert wird. Sowohl Hunde als auch Menschen vokalisierten ihre Spielabsicht; die Hunde bellten, die Menschen sprachen. Wollten Mensch und Hund ein Objektspiel spielen, wurde das Spielzeug zunächst in das Blickfeld des Spielpartners gehalten. Zum Auftakt eines Sozialspiels ohne Spielzeug präsentierte sich der Initiator selbst im Blickfeld des Spielpartners. Als Spieleinladung wurde das beidhändige Klatschen auf den Boden, das Trampeln mit beiden Vorderbeinen, das Einfrieren in der Hocke mit leicht geöffnetem Mund

(Spielgesicht vom Menschen), die Spielverbeugung mit Schwanzwedeln, aufgerichtete Ohren und Schrägstellen des Kopfes mit Spielgesicht (beim Hund) erfolgreich eingesetzt.

Blickkontakt und Timing

In einem erfolgreichen Mensch-Hund-Spiel schenkten sich die Spielpartner wechselseitig ihre Aufmerksamkeit, z. B. durch das Herstellen von Blickkontakt. Blickkontakt war für Mensch und Hund das Signal für den Spielstart, wurde aber auch während des Spiels häufig eingesetzt. Der Hund signalisierte dem Menschen seine Spielabsicht, indem er blitzschnell zwischen dem Spielzeug und dem Menschen hin- und herblickte. Bei den Apportierspielen wartete der Mensch nach dem Zurück-

bringen des Balls zuerst den Blickkontakt mit seinem Hund ab, bevor er den Ball erneut warf. Das richtige „Timing“ spielte ebenfalls eine Rolle, wobei sowohl Mensch als auch Hund durch zeitnahe, direkte Reaktionen für die Spielspannung sorgten.

Aufeinander abgestimmtes Zusammenspiel

Ein weiteres Merkmal war eine Verhaltenssynchronisation. Auf den Sprung des Menschen folgte ein Sprung des Hundes, beide liefen parallel, griffen abwechselnd nach dem Spielzeug, nach der Hocke des Menschen zeigte der Hund die Spielverbeugung. Dieses gegenseitige Spiegeln kennzeichnet erfolgreiche Gespräche und Spiel und fehlt erfolglosem Mensch-Hund-Spiel.

Ausgewogene Spielanteile und Rollenwechsel

Weitere Merkmale für erfolgreiches Hund-Mensch-Spiel waren außerdem Rollenwechsel und ein einigermaßen gleichmäßiger Aktivitätsanteil beider Spielpartner. Wenn der Hund den Ball nicht mehr direkt zurückbrachte oder der Mensch z. B. den Hund jagte, sich selbst aber nicht jagen ließ, brach das Spiel ab. In Apportierspielen gibt es zudem eine Distanz, deren Unter- oder Überschreitung Spiel beendet.

1—*Blickkontakt vertrauter Spielpartner: Pepper hat Diane einen Apfel gebracht (siehe vorherige Seite).*
2—*Zusammenspiel: Diane greift Peppers Vorschlag auf und bezieht den Apfel sofort ins Spiel ein.*
3—*Timing: Vertraute Spielpartner reagieren sofort auf die Körpersprache des Spielgefährten.*
4—*Pepper setzt zum Sprung auf den Apfel an.*
5—*Eindeutige Spielsignale: Lachende Spielgesichter bei Pepper und Diane.*

Spiel und Dominanz

Eine Betrachtung der Mensch-Hund-Beziehung unter dem Gesichtspunkt von Rang, Status oder Dominanz würde den Rahmen dieses Buchs sprengen. Leider ist es aber so, dass immer noch viele Hundetrainer ihren Kunden empfehlen, nicht mit ihrem Hund zu spielen oder auf bestimmte Spiele zu verzichten, den Hund nie das Spiel beginnen oder gewinnen zu lassen, und dem Hund

Ohne freiwilliges Selbsthandicap von Maverick wäre hier kein Zerrspiel mit Kirsten möglich.

Besonders Männer lieben Rauf- und Zerrspiele mit ihrem Hund und müssen darauf nicht verzichten.

kein eigenes Spielzeug zur Verfügung zu stellen. Diese Empfehlungen beruhen auf der Einschätzung, dass Hunde, die Spiele beginnen, gewinnen und eigenes Spielzeug besitzen, dazu tendieren, ihre Halter außerhalb des Spiels zu „dominieren“. Körperliche Spiele wie Zerrspiele oder Spielkämpfe werden in diesem Zusammenhang als „Diskussion um die Dominanzposition“ betrachtet. Dazu schlage ich nur vor, sich durch entsprechende Fortbildung auf den aktuellen Stand der Verhaltensforschung zu bringen (immerhin wurde die Studie bereits 2003 veröffentlicht) und sich dann bewusst zu machen, welche Auswirkungen solche pauschalen Ratschläge zum Spielverzicht auf eine harmonische Mensch-Hund-Beziehung haben können.
Im Wolfsrudel sind Spieleröffnung und -beendigung völlig flexibel und rang- und geschlechtsunabhängig. Manchmal beginnen die erwachsenen Rudelmitglieder, manchmal startet der Nachwuchs das Spiel. Auch der Gewinn von Zerrspielen hängt nach Blochs Beobachtungen im natürlichen Rudel lediglich von der Hartnäckigkeit der Spieler ab und wird von Rang und Geschlecht nicht beeinflusst (Bloch, 2010).
Bradshaw und Rooney (2003) haben den Einfluss gemeinsamer Spiele, insbesondere auch körperbetonter Spiele wie Zerrspiele, auf die Mensch-Hund-Beziehung untersucht. Sie haben dies per Videoanalyse, Fragebogen und einer ganzen Testbatterie sehr gründlich getan. Sie haben die Hund-Mensch-Teams in ihrer häuslichen Situation beobachtet und getestet, wie sich das Spiel auf deren Beziehung auswirkt. Dabei haben sie insbesondere das untersucht, was häufig als „Dominanz-Aggression“ bezeichnet wird, aber in Wirklichkeit meist eine Aggressionsbereitschaft zur Verteidigung von Ressourcen beschreibt, die im natürlichen Rudel rangunabhängig ist. Die Autoren definieren Dominanz, als „die Tendenz des Hundes, sein Vorrecht auf Ressourcenzugriff durchzusetzen“. Getestet wurden Situationen wie das Wegnehmen von Futter und Spielzeug, das Ausführen von Kommandos, Ignorieren, das Verhalten beim Streicheln, der Fellpflege und in einer Trennungssituation. Dabei stellte sich heraus, dass es sich nicht negativ auf die Beziehung außerhalb des Spiels auswirkt, wenn (1) Mensch und Hund körperbetonte Spiele wie z. B. Zerrspiele spielen, (2) der Hund diese Spiele initiiert, (3) der Hund diese Spiele gewinnt. Im Gegenteil: Hunde, die häufig körperbetonte Spiele mit ihrem Menschen spielen, haben weniger Probleme mit Trennungssituationen und sind selbstbewusster als andere.

Hund-Hund-Spiel versus Mensch-Hund-Spiel

Rooney u. a. (2000) haben das Hund-Hund-Spiel, mit dem Mensch-Hund-Spiel und das Spiel in Einhund- und Mehrhundehaushalten verglichen. Dabei stellte sich heraus, dass Menschen, die mehr als einen Hund besitzen, häufiger mit ihren Hunden spielen als Einhundehalter. Zudem verhalten sich Hunde im Hund-Hund-Spiel anders, als im Mensch-Hund-Spiel.
Im Mensch-Hund-Spiel ist der Anteil der partnerbezogenen Spielaktivitäten höher, während die solitären Aktivitäten wie das Behalten und Kauen des Spielzeugs von der Art des Spielpartners nicht beeinflusst werden. Im experimentellen Vergleich spielten die Hunde länger mit dem menschlichen als dem hundlichen Partner, waren weniger

Dieses eher mentale Kräftemessen zwischen Chedano und Wolf dauerte etliche Minuten.

wettbewerbsorientiert, präsentierten dem Menschen das Spielzeug häufiger, gaben es aber auch eher ab, als im Hund-Hund-Spiel. Sie zeigten sich im Mensch-Hund-Spiel aktiver und weniger besitzorientiert als im Hund-Hund-Spiel (Rooney & Bradshaw 2000).
Es scheint Wechselbeziehungen zwischen dem Grad der Kooperation bei der Jagd und im Spiel zu geben. Frei lebende Hunde jagen selten gemeinsam und Dingos jagen allein. Die höhere Kooperation im Mensch-Hund-Spiel könnte auf der Selektion zur Zusammenarbeit beruhen.
Das Bedürfnis eines Hundes, mit seinem Menschen zu spielen, ist in Mehr-Hunde-Haushalten nicht geringer, sondern sogar höher als in Ein-Hund-Haushalten. Die Struktur von Hund-Hund-Spiel und Hund-Mensch-Spiel unterscheidet sich wie oben beschrieben. Aus diesen zwei Tatsachen (häufigeres Spiel, andere Spielstruktur) schließen die Autoren, dass das Spiel der Hunde miteinander einer anderen Motivation unterliegt als dem Mensch-Hund-Spiel. Deshalb kann das Spiel mit dem Menschen durch das Spiel mit Artgenossen genauso wenig ersetzt werden, wie umgekehrt. Die Autoren zogen noch einen allgemeineren, viel wichtigeren Schluss. Sie warnen davor, das Verhalten der Hunde gegenüber Artgenossen einfach 1:1 auf das Verhältnis von Hund und Mensch zu übertragen.

Erziehen und Lernen im Freiraum des Spiels

„Die Erkenntnis, dass Lernprozesse auch bei anderen Tieren, außer unserer eigenen Art, auf Einsicht, Vorausplanung, episodischem Gedächtnis, Verallgemeinerungen etc. beruhen können, hätte, wenn sie dann weiterverbreitet würde, enorme Bedeutung für die Ausbildung von Tieren, gerade weil bei Hunden solche Erkenntnisse besonders stark sind." (Gansloßer 2007, S. 25)
Als Lernen bezeichnet man die durch Erfahrung bedingte Verhaltensänderung. Lebewesen, die in einer komplexen Umwelt aufwachsen, müssen das angeborene „Verhaltensrepertoire" durch Erfahrungslernen ergänzen. Hunde tun dies vorrangig in der Welpen- und Jugendzeit und sie tun dies vor allem im Spiel. Angemessenes Verhalten gegenüber Artgenossen lernt der Welpe im Sozialspiel mit anderen Welpen und erwachsenen Hunden. Zusammen mit seiner Bezugsperson kann er angemessenes Verhalten gegenüber Menschen lernen und zusammen mit diesem Schritt für Schritt seinen Lebensraum erobern. Das Spiel mit seiner Bezugsperson bietet für den Hund die beste Gelegenheit für dieses unterstützte Lernen. Damit ist das Lernen gemeint, das vom Menschen so begleitet wird, dass der Hund nicht überfordert wird, sondern das Gefühl bekommt, durch sein eigenes Handeln etwas bewirken zu können, ein Problem bewältigen und eine Aufgabe lösen zu können. Das Potenzial dazu besitzen unsere Hunde, und sie sind von Natur aus bereit, mit uns zu kooperieren und sich unserer „Führung" anzuvertrauen.
Sie können in der frühen Welpenzeit viel tun, um Ihren Welpen auf spätere potenziell stressige Situationen vorzubereiten, indem Sie ihm Aufgaben stellen, die ihn fordern, aber nicht überfordern. Situationen, die er selbstständig bewältigen kann, machen ihn selbstsicher und weniger stressanfällig. Aus den Reaktionen seiner hundlichen oder menschlichen Spielpartner lernt er im Spiel, seine Impulse zu kontrollieren, und den Umgang mit Frustrationen.
Nach Siviy fördert Spiel nicht nur den Umgang mit bestimmten Umweltstressoren, sondern liefert auch ein Mittel, um Lernen und Kreativität zu erleichtern. Lernen ist aktivitätsabhängig; ein aktives Gehirn ist eine viel bessere Ausgangssituation für Lernen. „Durch die Aktivitäten vieler neuronaler Bereiche während des Spiels können mentale Repräsentationen von spielerischen Begegnungen leichter im kognitiven Lexikon für die spätere Wiederauffindung notiert werden." (Siviy 1998, S. 237)
Eine Voraussetzung für Spiel ist das „sichere Feld". Im Spiel ist aufgrund des „sicheren Feldes" die Lernbereitschaft der Hunde besonders groß, da diese Sicherheit die Basis für das Erkunden von Neuem und Fremdem ist (Feddersen-Petersen 2004).

Kleinen Kinder fällt das intuitive, ursprüngliche Spiel mit Hunden leichter als Erwachsenen.

Lernen im Spiel hat gegenüber dem Lernen im Training viele Vorteile. Die Neurotransmitter, die für die Spielfreude verantwortlich sind, sorgen auch dafür, dass das im Spiel Gelernte besonders gut behalten wird.

Die Neurochemie des Spiels, z. B. Dopamin und Noradrenalin, sorgt für einen optimalen Grad an Erregung. Ein aktives Gehirn lernt leichter als ein inaktives. Noradrenalin wirkt lernverstärkend, weil es die Impulse, die durch das Gehirn laufen, verstärkt. Spiel ist nicht so ermüdend wie Training. Im Training lässt die Aufmerksamkeit des Hundes schnell nach, im Spiel ist dies nicht so. Beim Lernen im Spiel kann der Welpe das Tempo selbst bestimmen. Er wird deshalb weder über- noch unterfordert. Lernen ist immer von Gefühlen begleitet. Lernen heißt auch, dass eine neue Situation, ein neuer Reiz emotional bewertet wird. Ein Welpe erlebt neue Situationen als Auslöser von positiven oder negativen Gefühlen, als „angenehm-unangenehm", „gefährlich-ungefährlich". Situationen, die er bewältigen kann, werden mit einem positiven Gefühl, Situationen, die er nicht bewältigen kann, mit einem negativen Gefühl gespeichert. Gerät der Hund in eine ähnliche Situation, wird seine Erinnerung immer von diesen positiven oder negativen Gefühlen begleitet sein.

Spiel eignet sich wegen des „sicheren Feldes", der Sicherheit gebenden Bezugsperson und des körpereigenen Belohnungssystems besonders, um Angst zu

Spielsignale bei Mensch und Hund: Abgeben wird im Spiel ganz nebenbei und mit Spaß gelernt.

überwinden. Seine Bezugsperson liefert dem Welpen/Hund die Sicherheit, neuen Situationen und Herausforderungen gegenüberzutreten und Lösungen zu finden.

Selbst gefundene Lösungen, die selbstständige Bewältigung von Herausforderungen, lösen positive Gefühle aus. Der Welpe/Hund wächst ein kleines Stück über sich hinaus. Er sucht aufgrund dieses positiven Erlebnisses neue Herausforderungen. Im Spiel lernt der Hund, dass „Lernen“ Spaß macht. Er lernt „Lernen“, bleibt neugierig und sucht neue Herausforderungen. Lernen im Spiel ist selbstverstärkend - selbstmotivierend. Es bedarf weder Futter noch Quietschstimme oder sonstiger Belohnung.

Je mehr Sinne beim Lernen beteiligt sind, desto besser wird gelernt. Lernen im Spiel ist gewöhnlich ein Lernen mit allen Sinnen. Je spielerischer, vielfältiger und kreativer Sie neue Herausforderungen kreieren, desto leichter und besser wird Ihrem Hund das Lernen fallen.

Lernen im Sozialspiel ist gleichzeitig beziehungs- und bindungsfördernd. Lernt der Hund zusammen mit seinem Menschen im Spiel, verknüpft er das damit verbundene positive Gefühl auch mit seinem Menschen. Beim gemeinsamen Spiel wächst deshalb auch jedes Mal die Beziehung.

Spieleinheiten sollten besonders beim Welpen kurz sein und der Hund sollte genügend Zeit zur Verarbeitung des neu Gelernten erhalten: also Spiel – Pause und Verarbeiten – Weiterspielen.

Spiel und Bindung

Die meisten Hundehalter wünschen sich eine innige Bindung zu ihrem Hund. Eine Bindung ist durch „ein Bestreben nach Aufrechterhaltung der Nähe zu einem spezifischen Partner, der nicht von einem anderen der gleichen sozialen Kategorie ersetzt werden kann", gekennzeichnet (Ganslosser 2007, S. 116). Mit abwechslungsreichem, gemeinsamem Spiel sorgen Sie dafür, dass Ihr Hund (1) Sie immer besser kennen lernt, (2) Ihnen deshalb zunehmend vertraut (3) und Ihre Beziehung wegen der gemeinsamen Aktivität als wertvoll erlebt. „Langes Zusammensein und exklusive oder vielschichtige Reize vom Bindungspartner fördern die Bindung." (Ganslosser 1998, S. 103) Lebt ein Hund in einer Familie, kann jedes Familienmitglied sich auf andere Spiele konzentrieren, sodass der Hund zu jedem Familienmitglied eine gute Beziehung und Bindung aufzubauen.

Spiel hält gesund

Positive soziale Interaktion zwischen Menschen und Hunden hat viele wünschenswerte Effekte für beide Spezies (Odendaal & Meintjes 2003, Nagasawa u. a. 2008). Der Blutdruck sinkt und bestimmte körpereigene Substanzen, denen eine positive Wirkung zugeschrieben wird, steigen an, während andere, die mit Stress verknüpft sind, sinken. Zu den Substanzen, die mit Wohlbefinden, Freude, Glücksempfinden verknüpft sind, gehören Dopamin, Endorphine, Prolaktin und Oxytocin. Diese Substanzen steigen nachweisbar nach einer positiven Hund-Mensch-Interaktion von 5 bis 24 Minuten bei Menschen und Hunden an, während der Noradrenalinspiegel sinkt. Einige dieser körpereigenen Substanzen steigen beim Menschen auch bei anderen entspannenden Beschäftigungen wie beim Lesen eines Buches an, das bindungsfördernde Oxytocin jedoch nur bei der Interaktion mit einem Lebewesen (Odendaal & Meintjes 2003). Hunde und Menschen sind biologisch auf das Leben in einer sozialen Gruppe angelegt. Wie schön, dass unsere Biologie und die der Hunde so ähnlich

funktionieren, dass unser gemeinsames Spiel, jene körpereigenen Systeme aktiviert, die nicht nur den Spaß am Spiel selbst hervorrufen, sondern auch längerfristig für Bindung und das Zusammengehörigkeitsgefühl sorgen. Es ist deshalb grundverkehrt, in einer harmonischen Mensch-Hund-Beziehung auf Spiele, besonders auch auf Spiele mit Körperkontakt, zu verzichten.

Blickkontakt fördert Vertrauen

Oxytocin wird durch Körperkontakt, aber auch durch intensiven Blickkontakt zwischen vertrauten Individuen, z. B. einer Mutter und ihrem Baby oder einem Hund und seinem Halter, aktiviert, und zwar bei beiden. Nach einer Runde Spiel mit häufigem Blickkontakt haben Hund und Mensch einen erhöhten Oxytocinspiegel (Nagasawa u. a. 2009). Hunde meiden direkten Blickkontakt mit Artgenossen. Der liebevolle Blickkontakt zwischen Mensch und Hund kann deshalb als Zeichen einer besonders vertrauensvollen Beziehung gewertet werden. Der Blickkontakt führt allerdings nur bei den Hundehaltern zur Oxytocinausschüttung, wenn die Menschen mit ihrer Beziehung zu ihrem Hund zufrieden sind.

Verhaltenssynchronisation vertrauter Spielpartner.

Die rosarote Brille

Es wird häufig behauptet, dass das Mensch-Hund-Verhältnis dem Eltern-Kind-Verhältnis ähnelt. Menschen benutzen beispielsweise eine ähnliche Sprache, wenn sie mit Babys oder Hunden interagieren (Mitchell 1999). Das Beobachten von und das Spiel mit Hunden aktiviert Oxytocin beim Halter, wie das Beobachten und Spiel der Mutter mit ihrem Baby. Interessanterweise überschneiden sich die vom Oxytocin aktivierten Gehirnbereiche, die für elterliche und romantische Liebe „zuständig“ sind (Bartels und Zeki 2004). Es ist also nicht verkehrt, wenn wir sagen, dass wir uns immer wieder in unseren Hund „verlieben“, wenn wir ihn spielen sehen. Oxytocin deaktiviert gleichzeitig Gehirnbereiche, die für negative Gefühle, rationale Entscheidungen und die Einschätzung der Intentionen und Emotionen anderer zuständig sind. Das könnte die Ursache dafür sein, dass wir den eigenen Hund nie objektiv sehen können und seine Unarten gern beschönigen. Ich hoffe sehr, dass dieser Mechanismus umgekehrt bei meinen Hunden genauso funktioniert.

Spielend zusammenwachsen

Der Neurobiologe Gerald Hüther geht davon aus, dass alle sozialen Lebewesen mit zwei grundlegenden Bedürfnissen geboren werden: dem Bedürfnis dazuzugehören, sich in einer Gemeinschaft geborgen und sicher zu fühlen, und dem Bedürfnis sich weiterzuentwickeln, zu wachsen. Eine gute Erziehung/Beziehung erfüllt diese beiden grundlegenden Bedürfnisse und entspanntes Spiel bietet dafür einen besonders natürlichen Rahmen.

Geborgen fühlt sich ein Lebewesen da, wo es verstanden und angenommen wird, so wie es ist. Anders als im Training, in dem wir auf ein Zielverhalten hinarbeiten, können wir uns im Spiel behutsam und fragend vortasten, ohne ein Bild im Kopf, wie unser Hund sein sollte. Im Spiel sind Hund und Mensch deshalb besonders offen für die Aktionen und Reaktionen des Gegenübers. Wie Stuart Brown sagt, wächst besonders im gemeinsamen Spiel bei Mensch und Hund das Gefühl „wir gehören zusammen".

Wachstum ermöglichen Sie Ihrem Hund, wenn Sie ihm Herausforderungen bieten, die er bewältigen kann, um gemeinsam mit Ihnen Unsicherheiten und Ängste zu überwinden. Der Freiraum des Spiels bietet eine besonders gute Möglichkeit, sich gegenseitig kennen zu lernen, gemeinsam neue Aufgaben zu bewältigen, auf spielerische Weise Grenzen zu erleben und so im doppelten Sinne zusammenzuwachsen.

Die gesellschaftlichen Spielregeln führen im Alltag zu Situationen, in denen wir, was Ausdruck, Sprache und Körpersprache betrifft, nicht immer kongruent sind. Standardisierte Verhaltensinstruktionen sogenannter „Hundeexperten" verschlimmern diese Diskrepanz. Im Spiel dagegen sind unsere Reaktionen spontan, wir verstellen uns nicht. Wie befreiend muss es für unseren Hund sein, wenn er uns im Spiel einmal völlig authentisch erlebt. Wenn alles, was uns ausmacht: unser Blick, die Sprache und der Klang unserer Stimme, unsere Mimik, unsere Haltung, unsere Körperspannung, unsere Atmung und unsere Bewegungen (vielleicht auch unser Geruch) die gleiche Botschaft vermitteln: „Du bist genau richtig, so wie Du bist."

Im Spiel sind wir authentisch, überwinden Speziesgrenzen und können ein echtes Gespräch führen.

Service

Zum Weiterlesen

Beck, Elisabeth: **Wer denken will, muss fühlen.** Kynos Verlag, 2010

Bekoff, Marc, Byers, John (Eds.): **Animal Play.** Cambridge University Press, 1998

Bekoff, Marc: **Das Gefühlsleben der Tiere.** Animal Learn Verlag, 2008

Bloch, Günter: **Wölfisch für Hundehalter.** Kosmos, 2010
Bloch, Günter: **Auge in Auge mit dem Wolf.** Kosmos, 2009
Bloch, Günther: **Die Pizzahunde.** Kosmos, 2009

Brown, Stuart: **Play, how it shapes the brain, opens the imagination and invigorates the soul.** Avery Verlag, 2009

Burghardt, Gordon M.: **The Genesis of Animal Play, Testing the Limits.** The MIT Press, 2005

Coppinger, Ray und Lona: **Hunde: Neue Erkenntnisse über Herkunft, Verhalten und Evolution der Kaniden.** Animal Learn Verlag, 2003

de Waal, Frans: **Primaten und Philosophen.** Hanser Verlag, 2008
de Waal, Frans: **Der Affe in uns.** Deutscher Taschenbuch Verlag, 2009

Donaldson, Fred O.: **Von Herzen spielen.** Arbor Verlag, 2007

Feddersen-Petersen, Dorit Urd: **Hunde und ihre Menschen.** Kosmos, 2001
Feddersen-Petersen, Dorit Urd: **Hundepsychologie.** Kosmos, 2004
Feddersen-Petersen, Dorit Urd: **Ausdrucksverhalten beim Hund.** Kosmos, 2008

Gansloßer, Udo: **Säugetierverhalten.** Filander Verlag, 1998
Gansloßer, Udo: **Verhaltensbiologie für Hundehalter.** Kosmos, 2007
Gansloßer, Udo & Sillero-Zubiri Claudio (Hrsg.): **Wilde Hunde.** Filander Verlag, 2006

Handelman, Barbara: **Hundeverhalten, Mimik, Körpersprache und Verständigung.** Kosmos, 2010

Horowitz, Alexandra: **Was denkt der Hund? Wie er die Welt wahrnimmt – und uns.** Spektrum Akademischer Verlag, 2010

Hüther, Gerald: **Ohne Gefühl geht gar nichts.** DVD, Auditorium Netzwerk, 2009

Lambrich, Maren: **Vom Welpen zum Border Collie: Verhalten und Entwicklung, Hund-Mensch-Beziehungen und Haltungseinflüsse.** Vdm Verlag Dr. Müller, 2008

Miklósi , Ádám: **Hunde, Evolution, Kognition und Verhalten.** Kosmos, 2011

Zimen, Erik: **Der Hund.** Goldmann, 2010

Quellen

Aldis, O.: 1975. Playfighting, Academic Press, London

Aloff, B.: 2007. Canine Body Language, Dogwise, Wenatchee

Althaus, TH.: 1982. Die Welpenentwicklung beim Siberian Husky, Dissertation Universität Bern

Arons, C. D. & Shoemaker, W. J.: 1992. The distribution of catecholamines and Beta-endorphin in the brains of three behaviorally distinct breeds of dogs and their F1 hybrids, Brain Research, 594, 31–39

Arzt, V. & Birmelin, I.: 1993. Haben Tiere ein Bewusstsein?, C. Bertelsmann Verlag GmbH, München

Balcombe, J.: 2007. Pleasurable Kingdom, Palgrave Macmillan, Hampshire

Baldwin, J. D. & J. L.: 1976. Effects of Food Ecology on Social Play: A Laboratory Simulation, Z. Tierpsychol., 40, 1–14

Bartels, A. & Zeki, S.: 2004. The neural correlates of maternal and romantic love, NeuroImage 21, 1155– 1166

Bauer, J.: 2006. Warum ich fühle, was du fühlst, Intuitive Kommunikation und das Geheimnis der Spiegelneurone, Heyne Verlag, München

Bauer, J.: 2009. Interview Berliner Zeitung, 27. Juni 2009, Warum Obama gesund und Darwin krank macht, online: http://www.berlinonline.de/berliner-zeitung/archiv/.bin/dump.fcgi/2009/0627/magazin/0001/index.html, Stand: 13.11.2010

Bauer, E. & Smuts, B.: 2007. Cooperation and competition during dyadic play in domestic dogs, Canis familiaris, Anim. Behav., 73, 3, 489–499

Bauer, E. , Ward, C. & Smuts, B.: 2009. Play like a puppy, play like a dog, J. of Vet. Behav., 4, s. 68–69

Bekoff, M.: 1972. The development of social interaction, play, and metacommunication in mammals: An ethological perspective. Quart. Rev. of Biol., 47, 412–434

Bekoff, M.: 1974. Social Play and Play-Soliciting by Infant Canids, Am. Zool. 14, 1, 323–340

Bekoff, M.: 1995. Play Signals as Punctuation: The Structure of Social Play in Canids, Behaviour 132, 419–429.

Bekoff, M.: 2001. Social Play Behaviour, Cooperation, Fairness, Trust and the Evolution of Morality, J. of Consc. Stud. 8, 2, 81–90

Bekoff, M.: 2001 a. Observations of scent-marking and discriminating self from others by a domestic dog (Canis familiaris): tales of displaced yellow snow, Behav. Proc., 55, 2, 75–79

Bekoff, M.: 2005. Wie fühlt es sich an, ein Tier zu sein? im Interview von Georg Rüschemeyer, NZZ am Sonntag 16.1.2005

Bekoff, M.: 2006. Animal Passion and Beastly Virtues, Temple University Press, Philadelphia

Bekoff, M.: 2007. In: Park Mysteries, Do wild animals play, National Parks, Band 81, Nr. 3, 16–17, Rennicke, J., National Parks Conservation Association

Bekoff, M.: 2008. Das Gefühlsleben der Tiere, Animal Learn Verlag, Bernau

Bekoff, M.: 2010. Animals have emotions and morality, Interview 14.02.10, online: http://www.helgadhave.be/2010/animal/part-i-of-the-interview-with-marc-bekoff-animals-have-emotions-and-morality/, Stand: 13.11.2010

Bekoff, M. & Byers, J.: 1981. A Critical Reanalysis of the Ontogeny and Phylogeny of Mammalian Social and Locomotor Play: An Ethological Hornet's Nest, In: Immelmann, K., Barlow, W., Petrinovich, L., Main, M. (Eds.), Behavioral Development, Cambridge University Press, Cambridge, 297–337

Bekoff, M. & Allen, C.: 1997. Species of Mind, The MIT Press, Cambridge, Massachusetts

Bekoff, M. & Byers, J. A. (Eds.): 1998. Animal Play, Evolutionary, Comparative, and Ecological Perspectives, CambridgeUniversity Press, Cambridge

Bekoff, M. & Allen, C.: 1998. 'Intentional communication and social play: How and why animals negotiate and agree to play', In: Animal Play: Evolutionary, Comparative, and Ecological Perspectives, Bekoff, M. & Byers, J. (Eds.), Cambridge University Press, Cambridge, 97–114

Bekoff, M., Allen, C. & Burghardt, G. M. (Eds.): 2002. The cognitive Animal, The MIT-Press, Cambridge, Massachusetts

Bekoff, M. & Pierce, J.: 2009. Wild Justice, The University of Chicago Press, Chicago

Biben, M.: 1983. Comparative Ontogeny of Social Behavior in three South American Canids, The Maned Wolf, Crab Eating Fox And Bush Dog, Implications For Sociality, Anim. Behav. 31, 814–826

Bloch, G . & K.: 2002. Timberwolf Yukon und Co: Elf Jahre Verhaltensbeobachtung an freilaufenden Wölfen, Kynos-Verlag, Mürlenbach/Eifel

Bloch, G.: 2004. Der Wolf im Hundepelz, Franckh-Kosmos-Verlag, Stuttgart

Bloch, G.: 2007. Die Pizza-Hunde, Franckh-Kosmos-Verlag, Stuttgart

Bloch, G., Dettling, P.A., : 2009. Auge in Auge mit dem Wolf: 20 Jahre unterwegs mit frei lebenden Wölfen, Franckh-Kosmos-Verlag, Stuttgart
Bloch, G. & Radinger, E.: 2010. Wölfisch für Hundehalter: Von Alpha, Dominanz und anderen populären Irrtümern, Franck-Kosmos-Verlag, Stuttgart
Bradshaw, J.W.S. & Nott, H.M.R.: 2007. Social and communication behavior in domestic dogs, In: Serpell, J. (Eds.): The Domestic Dog, Cambridge University Press, Cambridge UK, 115–130
Brown, S.: 2008: Serious Play - The 2008 Art Center Conference, Vortrag online: http://www.ted.com/talks/stuart_brown_says_play_is_more_than_fun_it_s_vital.html, Stand: 13.11.2010
Brown, S. & Vaughan, C.: 2009. Play, How It Shapes the Brain, Opens the Imagination, and Invigorates the Soul, Penguin Books Ldt., London
Burghardt, G. M.: 1998. The evolutionary origins of play revisited: lessons from turtles, In: Animal Play: Evolutionary, Comparative and Ecological Perspectives, Bekoff & Byers (Eds.). Cambridge University Press, Cambridge, 1–26
Burghardt, G. M.: 2005. The Genesis of Animal Play, Testing the Limits, MIT Press, Cambridge
Byers, J. A.: 1998. Biological effects of locomotor play: getting into shape, or something more specific, In: Animal Play: Evolutionary, Comparative and Ecological Perspectives, Bekoff, M. & Byers, J. (Eds.), Cambridge University Press, Cambridge, 205–220
Call J., Brauer, J., Kaminski, J., Tomasello, M.: 2003. Domestic Dogs (Canis familiaris) Are Sensitive to the Attentional State of Humans, J. Comp. Psych., 117, 3, 257–263
Caro, T.M.: 1980. The effects of experience on the predatory patterns of cats, Behav. Neural. Biol., 29, 1–28
Caro, T. M.: 1980. Effects of the mother, object play, and adult experience on predation in cats, Behav. Neural. Biol., 29, 29–51
Caro, T. M.: 1995. Short-term costs and correlates of play in cheetahs, Anim. Behav., 49, 333–345
Chick, G.: 1998. What is Play For, Sexual Selection and the Evolution of Play, Keynote address presented at the annual meeting of The Association for the Study of Play, St. Petersburg
Chick, G.: 2008. Altruism in Animal Play and Human Ritual, World Cultures eJournal, 16(2)
Cools, A. K., Van Hout, A. J.-M. and Nelissen, M. H. J.: 2008. Canine Reconciliation and Third-Party-Initiated Postconflict Affiliation: Do Peacemaking Social Mechanisms in Dogs Rival Those of Higher Primates?, Ethology, 114, 53–63
Coppinger, R. & L.: 1996. Biologic Bases of Behavior of Domestic Dog Breeds, V. L. Voith and P. L. Borchelt, Eds., Readings in Companion Animal Behavior, Veterinary Learning Systems, Trenton, NJ. , 9–18
Coppinger, R. & L.: 2003. Hunde, Animal Learn Verlag, Bernau
Cordoni, G. & Palagi, E.: 2008. Reconciliation in Wolves (Canis lupus): New Evidence for a Comparative Perspective, Ethology, 114, 298–308
de Waal, F.: 1989. Wilde Diplomaten, Hanser Verlag, München
de Waal, F.: 2008. Primaten und Philosophen, Hanser Verlag, München
de Waal, F.: 2008 a. Mit Gefühl, Empathie bei Tieren, Gehirn und Geist, 7–8/2008, 52–55
de Waal, F.: 2009. Der Affe in uns, Deutscher Taschenbuch Verlag, München
Donaldson, O. F.: 2007. Von Herzen spielen, Arbor Verlag, Freiamt im Schwarzwald
Donaldson, J. : 2009. Hunde in der modernen Verhaltensforschung, Kynos Verlag, Mürlenbach/Eifel
Fagen, R.: 1981. Animal Play behavior, University Oxford Press, Oxford
Farago, T., Pongracz, P., Range, F., Viranyi, Z. & Miklósi , A.: 2010. ‚The bone is mine‘: affective and referential aspects of dog growls. Anim. Behav., 79, 917–925.
Feddersen-Petersen, D. U.: 1997. Hund, s. 245–296, In: Sambraus, H. und Steiger, A. (Hrsg.): Das Buch vom Tierschutz, Ferdinand Enke Verlag, Stuttgart
Feddersen-Petersen, D. U.: 2001. Hunde und ihre Menschen, Franckh-Kosmos-Verlag, Stuttgart
Feddersen-Petersen, D. U.: 2004. Hundepsychologie, Franckh-Kosmos-Verlag, Stuttgart
Feddersen-Petersen, D. U.: 2008., Ausdrucksverhalten beim Hund, Franckh-Kosmos-Verlag, Stuttgart
Feddersen-Petersen, D. U.: 2000. Grundsätzliches zum Aggressionsverhalten, Tierschutzbund, online:
http://www.berlinleben.de/zusatz/hvo/Aggression_Feddersen-Petersen_Killmann.pdf, Stand: 13.11.2010
Feddersen-Petersen, D. U., Gutmann, K. & Grewe, M.: 2001. Das Verhalten des Hundes 3, Canis Zentrum für Kynologie, Haiger
Fox, M. W.: 1975. Vom Wolf zum Hund, BLV Verlag, München
Fox, M.W., Halperin, S., Wise, A. & Kohn, E.: 1976. Species and Hybrid Differences in Frequencies of Play and Agonistic Actions in Canids, Z. Tierpsychol., 40, 194–209
Freud, S.: 1907/08. Der Dichter und das Phantasieren, Neue Revue. Halbmonatsschrift für das öffentliche Leben 1, 716–724, online: http://www.gutenberg.

org/files/28863/28863-h/28863-h.htm
Gacsi, M., Miklósi, A., u.a.: 2004. Are readers of our face readers of our minds? Dogs (Canis familiaris) show situation-dependent recognition of human's attention, Anim. Cogn. 7, 144–153
Gácsi, M., Miklósi, A. u. a.: 2009. Effects of selection for cooperation and attention in dogs, Brain Behav. Func., 5, 31
Gansloßer, U.: 1998. Säugetierverhalten, Filander Verlag, Fürth
Gansloßer, U.: 2007. Verhaltensbiologie für Hundehalter, Kosmos Verlag, Stuttgart
Gansloßer, U. & Sillero-Zubiri, C. (Hrsg.): 2006. Wilde Hunde, Filander Verlag, Fürth
Goleman, D.: 1997. EQ Emotionale Intelligenz, Deutscher Taschenbuch Verlag, München
Gattermann, R.: 2006. Wörterbuch zur Verhaltensbiologie, Spektrum Akademischer Verlag , München
Goodwin, D., Bradshaw, J. W. S. & Wickens S. M.: 1997. Paedomorphosis affects agonistic visual signals of domestic dogs, Anim. Behav., 53, 297–304
Günther, A.: 2009. Verhaltensontogenese bei Hundewelpen der Rasse Samojede in den ersten acht Lebenswochen, Dissertation Tiho-Hannover
Hall, S.: 1998. Object play by adult animals, In: Animal Play, Bekoff, M. & Byers. (Eds.), 1998, Cambridge University Press, Cambridge, 45–60
Handelman, B.: 2008. Canine Behavior, Wolf and Word Press, Norwich, Vermont
Haug, J.: 2004. Vergleichende Untersuchungen zum Verhalten von Beaglewelpen aus Hand- und Mutteraufzucht, Dissertation Uni München
Heine, C.: 2000. Verhaltensontogenese von Welpen der Rasse Border Collie in den ersten acht Lebenswochen, Dissertation Tiho Hannover
Horowitz, A. C. & Bekoff, M.: 2007. Naturalizing Anthropomorphism: Behavioral Prompts to Our Humanizing of Animals, Anthrozoös, 20, 1, 23–35
Horowitz, A.: 2009. Attention to attention in domestic dog (Canis familiaris) dyadic play, Anim. Cogn. 12, 107–118
Horowitz, A.: 2009. Inside of a Dog: What Dogs See, Smell, and Know: What Dogs Think and Know, Scribner, New York
Horváth, Z., Dóka, A. & Miklósi, Á.: 2008., Affiliative and disciplinary behavior of human handlers during play with their dog affects cortisol concentrations in opposite directions ; Horm. Behav., 54, 1, 107–114
Houpt, K. A.: 2007. Genetics of Canine Behavior, Acta Vet. BRNO, 76, 431–444
Hüther, G.: 2007. Die vergebliche Suche der Hirnforscher nach dem Ort, an dem die Seele wohnt, DVD Auditorium Netzwerk
Hüther, G.: 2009. Ohne Gefühl geht gar nichts, DVD, Auditorium Netzwerk
Huizinga, J.: 2006 . Homo Ludens, Vom Ursprung der Kultur im Spiel, Rowohlts Enzyklopädie, Reinbek bei Hamburg
Kaminski, J. & Bäuer, J. : 2006. Der kluge Hund. Wie Sie ihn verstehen können, Rowohlt TB, Reinbek bei Hamburg
Godmann, P. A., Klinghammer, E. & Willard, J.: 1985. Wolf Ethogramm, Ethology Series Number 3, North American Wildlife Foundation
Kotrschal, K. u. a.: 2009. Dyadic relationships and operational performance of male and female owners and their male dogs, Behav. Proc., 81, 383–391
Kundeya, S. M.A., Los Reyesb, A. De, Taglanga, C., Allena, R., Molinaa, S.& Royera, E. & Germana, R.: 2010. Domesticated dogs (Canis familiaris) react to what others can and cannot hear, App. Anim. Behav., 126, 1, 45–50
Lambrich, M.: 2007. Vergleichende Verhaltensentwicklung von Junghunden (3.–10. Lebensmonat) der Rasse Border Collie unter verschiedenen Nutzungsbedingungen, Dissertation Tiho Hannover
Ludwig, J.: 1965., Beobachtungen über das Spiel bei Boxern, Z. Tierpsych., 22, 813–838
Lund, J.D.: 1998. Development of social behaviour in four litters of dogs (Canis familiaris). Vestergaard KS, Acta Vet Scand. 39, 2, 183–93
MacDonald, D. W.: 2006. Sozialstruktur und Sozialsysteme der Caniden, In: Wilde Hunde, Gansloßer, U. & Sillero-Zubiri, C. (Hrsg.), Filander Verlag, Fürth, 49–60
MacLean, P. MD: 1985., Brain Evolution Relating to Family, Play and the Separations Call, Arch. Gen. Psychatry, 42, 405–417
Maros, K., Pongracz, P., Bardos, G., Molnar C., Farago T., Miklósi, A.:

2008. Dogs can discriminate barks from different situations, App. Anim. Behav. Sci., 114, 159–167
Mech, D. L.: 1990. Der weiße Wolf, Heyne, München
Mech, D.L.: 1999, Alpha status, dominance, and division of labor in wolf packs (Canis lupus), Canad. J. of Zool., 77, 1196–1203
Meermann, S.: 2009. Untersuchung von Verhaltensauffälligkeiten bei Hunden der Rassen Border Collie und Australian Shepherd in Deutschland, Dissertation Tiho Hannover
Menzel, R. & R.: 1937. Welpe und Umwelt, Zeitschrift für Hundeforschung, 3, 1–65
Meyer, E.-M.: 2004. Untersuchungen zum Lautäußerungsverhalten von Wölfen (Canis lupus L.) und Haushunden (Canis lupus f. fam.) unter den Bedingungen der Gruppenhaltung, Dissertation Uni Kiel
Meyer-Holzapfel, M.: 1956. Das Spiel bei Säugetieren, Handb. Zool. 8, 10, 1–36
Miklósi , A.: 2009. Dog, Behavior, Evolution and Cognition, Oxford University Press, Oxford
Mitchell, R. W. & Edmonson, E.: 1999. Functions of Repetitive Talk to Dogs during Play: Control, Conversation, or Planning? Society and Animals, 7, 1, 55–81
Nagasawa, M., Kikusui, T., Onaka T. & Ohta, M.: 2009. Dog's gaze at its owner increases owner's urinary oxytocin during social interaction, Hormones and Behavior, 55, 434–441
Odendaal, J. S. J. and Meintjes, R. A.: 2003. Neurophysiological Correlates of Affiliative Behaviour between Humans and Dogs, The Veterinary Journal, 165, 296–301
Olmert, D. M.: 2009. Made for Each Other, The Biology of the Human-Animal-Bond, Da Capo Press, Cambridge, MA
Otterstadt, C., Rosenberger, M. (Hrsg): 2009. Gefährten - Konkurrenten - Verwandte, Vandenhoeck & Ruprecht, Göttingen
Panksepp, J. et al.: 1978. The biology of social attachments: opiates alleviate separation distress. Biol. Psychiatry, 9, 213–220
Panksepp, J.: 1998. Affective Neuroscience, Oxford University Press, Oxford
Pellegrini, A. D., Dupuis, D., Smith, P. K: 2007. Play in evolution and development. Evolutionary models of human development, Develop. Rev., 27, 261–276
Pellis S. & V.: 2009. The Playful Brain, Oneworld Publications, Oxford
Pellis, S. M.: 2004. Evolving a Playful Brain: A Levels of Control Approach, Int. J. Comp. Psychol., 17, 92–118.
Pisula, W.: 2008. Play and Exploration in Animals – A Comparative Analysis, Polish Psych. Bulletin, 39, 2, 104–107
Pongraz, P., Miklósi , A., u. a.: 2005. Human Listeners Are Able to Classify Dog (Canis familiaris) Barks Recorded in Different Situations, J. of Comp. Psych., 119, 2, 136–144
Prato-Previde, E., Fallani, G. & Valsecchi, P.: 2005. Gender Differences in Owners Interacting with Pet Dogs: An Observational Study, Ethology, 112, 1, 64 – 73
Pullen, A. J.r, Ndende, M., Bradshaw, R.J., Stephen J.W.: 2010. Preferences for toy types and presentations in kennel housed dogs, Appl. Anim. Behav., 125, 3, 151–156
Range, F., Horn L., Bugnyar, T.: 2009. Social attention in keas, dogs, and human children, Anim. Cogn. 12, 181–192
Range, F., Horn L. & Viranyi, Z.: 2008. Huber L., The absence of reward induces inequity aversion in dogs. Department of Neurobiology and Cognition Research, University of Vienna, online: http://www.pnas.org/content/106/1/340.full, Stand: 13.11.2010
Range, F., Huber, L., Heyes R.: 2009. Automatic imitation in dogs, Proceedings of the Royal Society B, online: http://rspb.royalsocietypublishing.org/content/early/2010/07/26/rspb.2010.1142.abstract, Stand: 13.11.2010

Range, F.: 2009. Wie denken Tiere, Ueberreuther, Wien
Reichholf, J. H.: 2009. Die Bedeutung der Tiere in der kulturellen Evolution des Menschen, in: Gefährten, Konkurrenten, Verwandte, Otterstedt, Rosenberger, Vandenhoeck & Ruprecht, Göttingen
Reinhardt, C.: 2003. Stress bei Hunden, Animal learn Verlag, Bernau
Rizzolatti, G. & Sinigaglia, C.: 2008. Empathie und Spiegelneurone: Die biologische Basis des Mitgefühls, Suhrkamp-Verlag, Frankfurt
Rooney, N. and Bradshaw, J. W. S.: 2003. Links Between Play and Dominance and Attachment Dimensions of Dog-Human Relationships, J. of Appl. Anim. Welf. Sci., 6, 2, 67–94,
Rooney, N., Bradshaw, J. W. S. and Robinson, I. H.: 2002. Do dogs respond to play signals given by humans? Anim. Behav., 61, 4, 715–722
Rooney, N., Bradshaw, J. W.S., Robinson, I. H.: 2000. A comparison of dog-dog and dog-human play behavior, Appl. Anim. Behav. Sci., 66, 235–248
Rooney, N. J, Bradshaw, J. W.S: 2002. An experimental study of the effects of play upon the dog-human relationship, Appl. Anim. Behav., 75, 2, 161–176
Rosenblatt, J. S., Beer, C., Busnel, M., Slater P. J. B.: 1985. The sex differences of play: The Socialisation of sex roles, Adv. in Study of Behav., 15, 1–48
Schenkel, R., 1947: Expression studies of wolves, Behaviour, 1, 81 – 129
Schönberger, A.: 2007. Die einzigartige Intelligenz der Hunde, Piper Verlag, München
Schradin, C.: 2007. Die Biologie des Vaters, Filander Verlag, Fürth
Scott, J. P. and Fuller, J. L.: 1965. Genetics and the Social Behavior of the Dog, The University of Chikago Press, Chikago
Serpell, J. (Eds.): 2007. The Domestic Dog, Cambridge University Press, Cambridge UK
Serpell, J. & Jagoe, J. A.: 2007. Early experience and the development of behaviour, In: Serpell, J. (Eds), The Domestic Dog, Cambridge University Press, Cambridge UK, 79–102
Shyan, M. R. Fortune, K. A. & King, C.: 2003. „Bark Parks“- A Study on Interdog Aggression in a Limited-Control Environment, Published in: journal J. of Appl. Anim. Welf. Sci., 6, 1, 25–32
Simonet, P., Versteeg, D. & Storie, D.: 2005. Dog-laughter: Recorded playback reduces stress related behavior in shelter dogs, Proceedings of the 7th International Conference on Environmental Enrichment, online: www.petalk.org/LaughingDog.pdf, (Stand: 13.11.2010)
Siviy, S. M.: 1998. Neurobiological substrates of play behavior: glimpses into the structure and function of mammalian playfulness, In: Animal play, Bekoff und Byers (Eds.), Cambridge University Press, 221–242
Spinka, M., Newberry, R. C., Bekoff, M.: 2001. Mammalian Play: Training for the Unexpected, The Quarterly Review of Biology, 76, 2, 141–168
Svartberg, K.: 2006. Breed-typical behaviour in dogs - Historical remnants or recent constructs?, Appl. Anim. Behav. Sci. 96: 293–313
Svartberg, K. & Forkman, B.: 2002. Personality traits in the domestic dog, (Canis familiaris), Appl. Anim. Behav. Sci., 79, 133–155
Tembrock, G.: 1953. Spielverhalten beim Rotfuchs, Zool. Beitr. 3, 423–496
Thompson, R. F.: 2010. Das Gehirn, Von der Nervenzelle zur Verhaltenssteuerung, Spektrum Akademischer Verlag
Tizard, B. & Harvey, D. (Hrsg): 1977. The Biology of Play, Medical Books Ltd, Philadelphia
Tóth, L., Gácsi, M., Topál, J. , Miklósi, A.: 2008. Playing styles and possible causative factors in dogs' behaviour when playing with humans, Appl. Anim. Behav. Sci., 114, 3, 473–484
Treiber-Dörfler, C.: 2007., Der Maremmano – von A bis Z, online: http://www.wuff.at/artikel.php?artikel_id=1035, (Stand: 13.11.2010)
Trumler, E.: 1985. Das Jahr des Hundes, Kynos Verlag, Mürlenbach/Eifel
Trumler, E.: 2000. Hunde ernst genommen, Piper Verlag, München
Vauk, G.: 1953. Die Abwandlung der Beutefanghandlung des Hundes im Zuge der Domestikation. Zool. Anz., Suppl. 17), 180–184
Vincent, L. E. & Bekoff, M.: 1978. Quantitative analyses of the ontogeny of predatory behaviour in coyotes, Canis latrans, Anim. Behav., 26, 1, 225–231
Wachtel, H.:2002. Das Buch vom Hund: Die Symbiose zwischen Hund und Mensch, Cadmos Verlag, Lüneburg
Ward, C., Bauer, E. B. & Smuts, B. B.: 2008. Partner preferences and asymmetries in social play among, domestic dog, Canis lupus familiaris, littermates, Anim. Behav., 76, 4, 1187–1199
Wright, J. C.: 1983. The Effects of Differential Rearing on Exploratory Behavior in Puppies, Appl. Anim. Ethology, 10, 27–34
Zimen, E.: 1976. On the Regulation of Pack Size in Wolves, Z. Tierpsychol., 40, 300–341
Zimen, E.: 1978. Der Wolf, Meyster Verlag, München
Zimen, E.: 1982. Wölfe und Königspudel, R. Piper & Co. Verlag, München
Zimen, E.: 1988. Der Hund, Bertelsmann Verlag, München

Register

Danksagung

Dieses Buch entstand mit der Unterstützung vieler hundeinteressierter Menschen (und mensscheninteressierter Hunde) und sähe ohne ihre Hilfe und ihr Engagement anders aus.

Mein besonderer Dank gilt Dr. Udo Gansloßer für das Lesen des Manuskriptes und seine Verbesserungsvorschläge, für sein stets offenes Ohr, seine unerschütterliche Geduld bei der Beantwortung meiner vielen Fragen, seine Beratung und Begleitung bei der Entstehung dieses Buches.

Bedanken möchte ich mich auch bei Stephanie Kafka und Petra Breuer-Dettmann für das Lesen des Manuskriptes, ihre Korrekturvorschläge zur Verbesserung der Lesbarkeit und bei Petra darüber hinaus für die viele zusätzliche Hilfe und Unterstützung. Bei meinem Bruder Christoph, bei Diane Pistoll und Jürgen Rhode bedanke ich mich für ihr weit über das Fotografieren hinausgehendes Engagement, ihre Unterstützung bei der Recherche, den mentalen und tatkräftigen Beistand und die tollen Fotos.

Rosie und Andreas Reimann, Belinda Kentenich und Stefanie Schraven danke ich, dass sie es uns ermöglicht haben, das Spiel ihrer Würfe zu beobachten und zu fotografieren.

Mein Dank gilt auch Betty Balters, Kirsten Cremer und Michael Neuhaus und der DDC-Ortsgruppe Bochum, Brita Günther von Tiertime, Achim Hüren und dem Teckelklub Ortsgruppe Neuss, dem Teckelklub Ortsgruppe Meerbusch, der IDG-IRJGV Gruppe Aachen, dem SV Schäferhunde Verein OG Siersdorf, der Hundesportgemeinschaft Kaarst und der Hundeschule Wienen in Erkelenz für ihre Unterstützung und die Möglichkeit zum Fotografieren des Hundespiels.

Ich bedanke mich bei Petra Mensel für ihre Hilfe und bei Sandra und Andreas Marek für die Fotos ihrer Border Collies. Dank auch an Fritz Irle und Anette Thisse für die Fotos des Groenendaeler Nachwuchses.

Dank an alle Vierbeiner und ihre Halter, die sich von unserer Anwesenheit nicht im Spiel stören ließen. Ich bedanke mich dafür, dass ich bei der Arbeit an diesem Buch so viele Hundehalter, Hundetrainer und Züchter neu oder besser kennen lernen durfte, die trotz unterschiedlicher Ansätze und Einstellungen zu einem ehrlichen, echten Austausch bereit waren. Ich habe viel von euch gelernt.

KOSMOS.

Wissen aus erster Hand

Alles, was man wissen muss!

Die neuesten Erkenntnisse zur Hundesprache, gewonnen in langjährigen Forschungen an Wild- und Haushunden: Sachkundig, umfassend und verständlich beschreibt dieser Ratgeber das Ausdrucksverhalten unserer Hunde und seine Bedeutung für das Zusammenleben: Mimik und Körpersprache, Kommunikation und Verständigung untereinander und mit dem Menschen.

Dr. Dorit Feddersen-Petersen
Ausdrucksverhalten beim Hund

496 S., 741 Abb., €/D 39,90
ISBN 978-3-440-09863-9

Das Standardwerk

Das Wesen des Hundes, seine Abstammung vom Wolf und Entwicklung zum Begleiter des Menschen, die vielfältige Hundesprache, die Verständigung mit dem Menschen, die Entwicklung der Welpen: diese und viele weitere Themen behandelt die bekannte Kynologin Dr. Dorit Feddersen-Petersen in ihrem Standardwerk.

Dr. Dorit Feddersen-Petersen
Hundepsychologie

496 S., 556 Abb., €/D 39,90
ISBN 978-3-440-09780-9

Preisänderung vorbehalten

kosmos.de/hunde

Bildnachweis

Mit Farbfotos von:
Friedrich Irle: S. 45, 60mitte. **Christoph Käufer:** Titelei, S. 16alle, 21uli, 22/23, 29, 30, 31alle, 39, 42, 44, 48, 49ore, 56alle, 57alle, 58u, 60o, 62, 63alle, 64/65, 70, 73mitte, 74uli, 74/75, 76oli, 79, 84, 89, 91, 92alle, 93alle, 96, 97, 98alle, 99alle, 115, 116, 117alle, 118ure, 118uli, 126, 127, 130, 131, 138alle, 139, 141, 146, 147, 148, 151, 154, 155, 156, 158, 159. **Mechtild Käufer:** S. 43, 72. **Roland Knopp:** S. 7. **Sandra Marek und Andreas Marek:** S. 38, 54re, 100o, 104, 106u, 107u, 108. **Diane Pistoll:** S. 13, 15alle, 17alle, 18, 19o, 19mitte, 19u, 20, 21oli, 21ore, 21ure, 24o, 24/25u, 25ure, 26, 27alle, 28, 32alle, 33, 35, 36, 37, 40, 47, 48oli, 49u, 50, 51, 52li, 52re, 53o, 53u, 58o, 59, 60u, 61alle, 67, 68alle, 69alle, 71, 73o, 73u, 74o, 75o, 75ore, 76ore, 76uli, 78, 80o, 80u, 81o, 81u, 82o, 82mitte, 82u, 83li, 83re, 85o, 85u, 86oli, 86ore, 86uli, 86ure, 87oli, 87ore, 87u, 88o, 88u, 90, 94, 95, 100u, 101, 109, 110/111, 112, 118o, 119, 120alle, 121alle, 122, 123o, 123u, 125, 128o, 128mitte, 128u, 129,alle, 133, 135, 136, 137, 140alle, 142, 143, 144, 160/161, 163, 167, 168. **Jürgen Rhode:** S. 145, 149o, 149u, 150, 152alle, 153alle, 162. **Ralph Schraven:** S. 54li.

Mit einer Illustration auf den Aufmacherseiten von Dr. Dorit Feddersen-Petersen.

Impressum

Umschlaggestaltung von eStudio Calamar unter Verwendung eines Farbfotos von Sabine Stuewer (Umschlagvorderseite) und eines Farbfotos von Diane Pistoll (Umschlagrückseite).

Mit 220 Farbfotos

ISBN 978-3-440-12137-5
Redaktion: Ute-Kristin Schmalfuß
Gestaltungskonzept: eStudio Calamar
Gestaltung und Satz: Atelier Krohmer, Dettingen/Erms
Produktion: Eva Schmidt
Printed in Germany / Imprimé en Allemagne

FSC
www.fsc.org
MIX
Papier aus verantwortungsvollen Quellen
FSC® C005833